Python
数据分析

主 编◎冯志辉 赵 磊 李 放
副主编◎鱼 明 陈慧颖 陈 祥

中国水利水电出版社
www.waterpub.com.cn

·北京·

U0156949

内 容 提 要

本书从开发环境配置入手，以先理论后实践的形式讲解 Python 数据分析，理论部分内容包括 Python 简介及数据分析概述、Python 语言基础、科学计算库 NumPy、数据处理库 Pandas、数据可视化和数据分析方法，由浅入深地引出实践部分的三个经典数据分析实战案例，并将理论知识综合应用到数据分析案例中，进一步加深知识理解。全书理论部分可以作为理论课知识进行教学，案例内容可以用于实训课教学。全书章节可以拆分重组，为不同背景知识的学生提供合适的知识组合，为教师组织教学提供便利。本书内容表达图文并茂、通俗易懂，以实践操作应用为导向，侧重知识的内在认知逻辑引导，适合于理论与实践相结合的教学方式。

本书适合作为本科或高职院校的计算机科学技术、数据科学与大数据技术、人工智能、信息管理、电子商务、应用数学、信息与计算科学、统计学、金融工程、市场营销等专业的教学用书，同时也适合作为其他相关专业的选修课程教材。本书提供微课视频，并配套程序源代码、教学课件和习题答案。

图书在版编目（ＣＩＰ）数据

Python数据分析 / 冯志辉，赵磊，李放主编. -- 北京 ： 中国水利水电出版社，2023.12
普通高等教育数据科学与大数据技术专业教材
ISBN 978-7-5226-2166-1

Ⅰ．①P… Ⅱ．①冯… ②赵… ③李… Ⅲ．①软件工具－程序设计－高等学校－教材 Ⅳ．①TP311.561

中国国家版本馆CIP数据核字(2024)第021408号

策划编辑：石永峰　　责任编辑：魏渊源　　加工编辑：刘瑜　　封面设计：苏敏

书　　名	普通高等教育数据科学与大数据技术专业教材 Python 数据分析 Python SHUJU FENXI
作　　者	主　编　冯志辉　赵　磊　李　放 副主编　鱼　明　陈慧颖　陈　祥
出版发行	中国水利水电出版社 （北京市海淀区玉渊潭南路 1 号 D 座　100038） 网址：www.waterpub.com.cn E-mail：mchannel@263.net（答疑） 　　　　sales@mwr.gov.cn 电话：（010）68545888（营销中心）、82562819（组稿）
经　　售	北京科水图书销售有限公司 电话：（010）68545874、63202643 全国各地新华书店和相关出版物销售网点
排　　版	北京万水电子信息有限公司
印　　刷	三河市德贤弘印务有限公司
规　　格	210mm×285mm　16 开本　13 印张　333 千字
版　　次	2023 年 12 月第 1 版　2023 年 12 月第 1 次印刷
印　　数	0001—2000 册
定　　价	42.00 元

前　言

"Python 数据分析"是信息管理、计算机科学技术等专业的大数据方向及人工智能方向的专业核心课程之一，课程设置学期位于职业能力形成阶段，主要讲解大数据分析基础理论、分析工具、分析方法等。课程目标是使学生能够熟练运用 Python 工具来解决实际问题，同时让学生掌握在不同领域使用 Python 扩展模块解决大数据处理问题的方法，要求学生通过课堂教学和实验训练后，具有初步处理数据、独立分析数据的能力。数据分析作为一种从数据中提炼信息的方法，在就业方面也是多个岗位要求掌握的技能。

本书致力于推动数据分析的普及教育，深入浅出地介绍了数据分析相关知识，使用通俗易懂的语言进行讲述，内容包括 Python 语言的语法特点以及数据分析的流程思路，并结合典型应用展开阐述，从基本知识和数据分析的逻辑关系角度，使读者建立起数据分析的知识体系和框架。本书不局限于知识和技能的介绍，更注重从数理思维的角度引发读者探索数据世界的兴趣，激发求知欲，使其通过理论学习和实践过程的反复迭代，在认识客观世界的方法上有更加深刻的认识，这也是辩证唯物主义实践观和认识观的一种学习体验。

本书共 9 章，前 6 章为理论部分，包括 Python 简介及数据分析概述、Python 语言基础、科学计算库 NumPy、数据处理库 Pandas、数据可视化、数据分析方法；后面 3 章结合数据分析的典型案例，进行数据分析实战演练。

本书的编写注重可读性和逻辑性，并在章节中增加了课程思政的案例和内容，将知识传授、能力培养和价值塑造有机融合。本书由冯志辉、赵磊、李放担任主编，鱼明、陈慧颖、陈祥担任副主编。本书的 Pandas 讲解及案例编程部分得到了东北师范大学赵志铭的支持和帮助，另外在本书编写过程中，智慧云未来科技（北京）有限公司黄智慧总经理和北京普开数据技术有限公司刘生副总经理给予了技术指导，中国水利水电出版社的领导和编辑也给予了很大的支持与帮助，并付出了辛勤劳动，在此一并向他们表示衷心感谢。

由于编者水平有限，加之时间仓促，书中难免存在错误和不妥之处，恳请读者批评指正。

编　者

2023 年 9 月

目　录

第 1 章　Python 简介及数据分析概述

本章导读

　　Python 作为数据分析的优势编程语言之一，具有简洁、优雅的特点，因免费开源而得到很好的普及与发展，其在数据分析方面的优势受益于 Python 丰富的生态扩展库。本章主要内容为 Python 简介、Python 开发环境部署、扩展库的安装、开发环境应用示例、数据分析概述等内容。读者应在理解相关概念的基础上，重点掌握 Python 开发环境部署、扩展库的安装以及开发环境应用示例等内容。

本章要点

- Python 的发展历史
- Python 语言的特点
- Python 语言的应用领域
- Python 开发环境部署
- 数据分析实例演示
- 数据分析概述

1.1　Python　简　介

　　Python 是由荷兰人吉多·范罗苏姆（Guido van Rossum）在 1989 年圣诞节期间开发的一个新的解释程序，它是 ABC 语言的一种继承，而 ABC 语言是由范罗苏姆参与设计的一种教学语言，这种语言非常优美和强大，是专门为非专业程序员设计的。但是 ABC 语言没有成功。究其原因，范罗苏姆认为是其非开放造成的，于是他决心避免这个错误，开发 Python 作为非程序员的语言，并获取了非常好的效果。1991 年，第一个由 C 语言实现的 Python 解释器诞生了，而且能够调用 C 语言的库文件。

　　关于 Python 的版本，Python 2 于 2000 年 10 月 16 日发布，稳定版本是 Python 2.7。Python 3 于 2008 年 12 月 3 日发布，不完全兼容 Python 2。本书采用 Python 3.10.7 版本，在运行程序和调试案例时，读者需要留意因为版本不同带来的兼容性问题。

1.1.1　Python 语言的特点

　　Python 是一种高级计算程序设计语言，其特点是简单易学、开源、跨平台、解释性、面向对象、可扩展性。可扩展性也就是假如用户需要一段关键代码运行得更快或者希望某些算法不公开，可以把部分程序用 C 或 C++ 语言编写，然后在 Python 程序中使用它们。

1. 简单易学

作为 Python 的初学者，甚至是编程语言的初学者，可以放下思想包袱，Python 设计开发的初衷就是给非计算机专业人员使用，所以非常适合初学者理解和掌握。Python 与其他编程语言（C 语言、Java 等）不同，其从语法上更加接近英文自然语言，而且只有 30 多个保留字。

2. 开源

开源的意思是 Python 程序的源代码是开放的，可以有更多人来参与改进修改。Python 是自由 / 开源软件（Free/Libre and Open Source Software，FLOSS）中的一员，使用 FLOSS 中的软件不用支付任何版权费用，这也是 Python 普及的一个关键因素，即让更多的人可以无忧无虑地随意下载使用。

3. 跨平台

受免费开源的普及优势的影响，Python 已经移植到许多平台，只要将相应的运行环境和扩展库配置好，Python 的大多数程序无需修改就可以在多平台使用，这些平台包括 UNIX、Linux、Windows、Mac 等电脑端操作系统以及 Windows CE、Android 等手机端操作系统。甚至现在有很多单片机也可以运行 Python 程序，常见的 Python 解释器有 MicroPython、CircuitPython、PyMite、TinyPy。这使得 Python 的应用场景非常广泛，除了很多计算机操作系统开始自带 Python 外，很多移动终端也可以用 Python 实现数据分析和人工智能等程序的运行，Python 的发展由此呈现出指数级增长。

4. 解释性

用编译型语言（如 C 或 C++）编写的程序需要从源文件编译为可执行文件，这个过程通过编译器和不同的标记、选项完成。当运行程序的时候，连接转载器软件把程序从硬盘复制到内存中并且运行。

用 Python 语言编写的程序不需要编译成二进制代码，可以直接从源代码运行程序。在计算机内部，Python 解释器把源代码转换成被称为字节码的中间形式，然后把它翻译成计算机使用的机器语言并运行。事实上，由于不再担心如何编译程序，因此只需确保连接转载正确的库，这一切使得使用 Python 变得更为简单，但是运行效率也受到了一定的影响。

5. 面向对象

Python 既支持面向过程编程，也支持面向对象编程。在面向过程的语言中，程序是由过程或可重用代码的函数构建起来的。在面向对象的语言中，程序是由数据和功能组合而成的对象构建起来的。对于简单功能编程实现，可以不考虑面向对象，但是对于大规模的工程，为了高效复用，使用面向对象的编程思想会事半功倍。Python 语言支持面向对象编程，也为其丰富的扩展库开发提供了很好的架构设计。

1.1.2　Python 语言的应用领域

Python 作为一种面向对象、解释性的高级程序语言，已经被应用在众多领域，包括数据分析、科学计算、人工智能、Web 开发、操作系统管理、服务器运维的自动化脚本、桌面软件、服务器软件、游戏开发等方面。未来它也将被大规模应用在人工智能方面。下面具体介绍 Python 语言的具体应用场景。

1. 数据分析

信息化时代产生了大量数据，而数据必须经分析才能体现背后的价值，Python 因为其开源、免费，有很好的数据分析扩展库，所以在数据分析的生态中良性循环，出现越来越多的数据分析及可视化的扩展库，数据分析的选择也越来越丰富，从而 Python 在数据分析领域也更占优势。

2. 科学计算

计算机在科学计算方面一直有关键的应用，可以很好地解决疑难数学问题，科学计算中也早有商业软件的应用。随着技术的不断完善，Python 逐渐建立起了科学计算应用库，如 NumPy、SciPy、SymPy 等，目前几乎已覆盖了科学计算的所有分支。

3. 人工智能

人工智能是计算机硬件和软件发展到一定阶段的产物，目前越来越多的社会生活应用场景需要人工智能的辅助，Python 编程语言借助数据分析及科学计算的优势，水到渠成地将应用扩展到人工智能领域，其大型的扩展库，如 Scikit-learn、TensorFlow、PyTorch 等的推广使用，让 Python 在机器学习、深度学习、人工智能等方面的应用得到了普及和推广。

1.2　Python 开发环境部署

Python 开发环境部署

本小节以 Windows 操作系统为例，介绍 Python 运行开发环境的部署，其他操作系统思路相同。首先确定当前的操作系统是 32 位还是 64 位，有些老系统为 32 位，本书采用 Windows 10（64bit）。如何查看操作系统的位数呢？在桌面右击"此电脑"图标，在弹出的快捷菜单中选择"属性"选项，打开系统属性对话框，可以看到操作系统信息，如图 1-1 所示。

图 1-1　操作系统信息

不同操作系统需要下载对应版本的 Python，可以在 Python 官网找到相应版本下载。由于 Python 服务器没有在国内，下载速度较慢，建议在国内开源镜像网站下载。

随着 Python 学习的深入，一定会有很多的疑问，建议读者多思考，或者在网上搜索，或者讨论沟通，这样既增加了编程知识，也创造了更多的学习机会，进而能更加快速地捡拾起零散的技能。比如进入 Python 官网的时候会看到 PEP，那么 PEP 是什么意思呢？通过搜索资料，可知 PEP 是 Python Enhancement Proposals 的缩写。PEP 是一份为 Python 社区提供各种增强功能的技术规格，也是通过提交新特性，以便让社区指出问题，精确化技术文档的提案。由此我们知道 Python 社区中有很多人在关注使用和交流，所以就有了这个规范，方便 Python 的发展壮大，也便于人们交流沟通。

本书的 Python 3.10.7 版本就是在各个版本的更新迭代下产生的，在后面 Anaconda 中用到的是较低版本的 Python，不过只要是 Python 3.0 以后的版本大部分功能是通用的。下面开始下载安装 Python 开发环境吧！

1.2.1　下载对应版本安装文件

进入 Python 官网（www.python.org），因为其是一个组织，所以以 organization 的前三个字母为结尾。如果忘记网址，也可以在搜索引擎中搜索 Python 官网。Python 官网界面如图 1-2 所示。

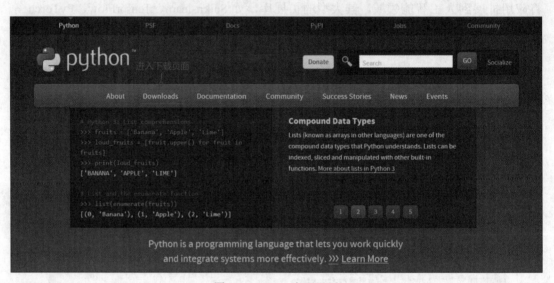

图 1-2　Python 官网界面

官网中还有很多信息，比如可以直接在线运行 Python 代码，不用安装 Python 也可以，或者看它的介绍标签页的程序，这些都是很有价值的，同时英文的介绍在以后编程提示里也会提到，从这里开始你的 Python 之旅吧。下面单击 Downloads 按钮，进入下载界面，如图 1-3 所示。

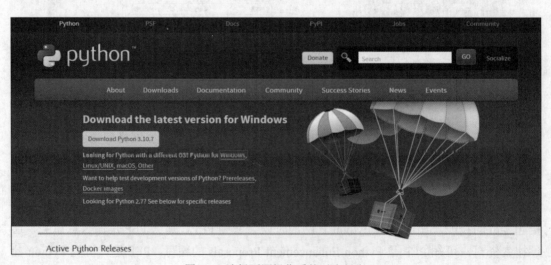

图 1-3　选择不同操作系统对应版本

这里以 Windows 版本为例，进入页面后，在右侧操作滚动页面，可以看到对应版本，这里选择 64-bit，进行安装包下载，如图 1-4 所示。

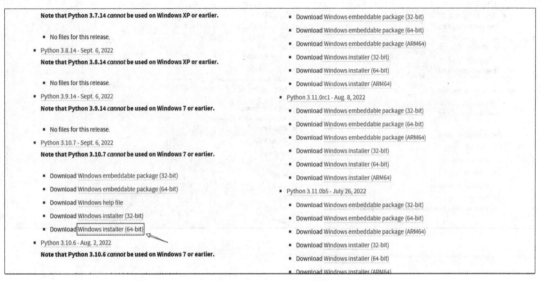

图 1-4　下载对应安装包

单击版本链接进入下载页面，会弹出对话框，这里可以看到以 python-3.10.7-amd64.exe 形式命名的文件，这里的 64 就是指 64 位，文件大小只有 27.6MB，非常方便。单击"保存"按钮，如图 1-5 所示，保存安装包，默认下载到浏览器的"下载"文件夹。

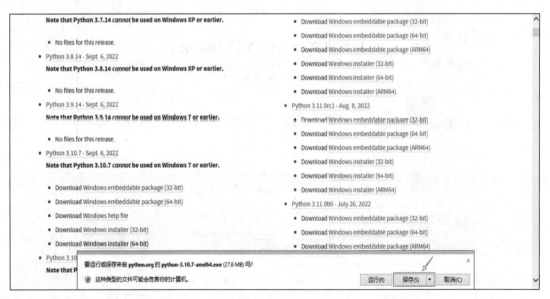

图 1-5　保存下载的文件

下载完成后，进入"下载"文件夹，可以双击文件直接运行安装程序，也可以在安装文件上右击，选择"打开"选项运行安装程序，这里建议选择"以管理员身份运行"选项，这样可以在更新环境变量时有足够的权限，如图 1-6 所示。

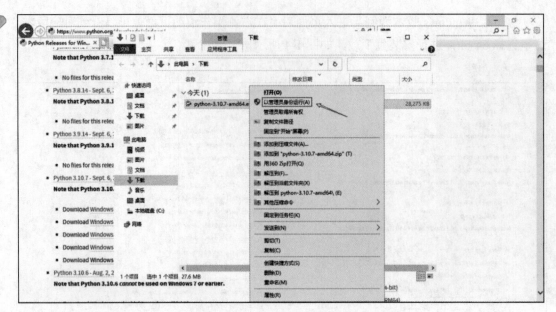

图 1-6　以管理员身份安装 Python

1.2.2　Python 的安装及相关文件介绍

安装过程中要将 Python 添加到环境变量（在命令行输入 python，操作系统会在环境变量中查找相应的文件名称，以运行响应这个输入指令，PATH 是环境变量在命令行的设置参量），也就是勾选 Add Python 3.10 to PATH 复选框，如图 1-7 所示。如果没有勾选，那么在命令行输入 python 不会有命令程序响应。随后单击 Install Now，即可顺利安装。

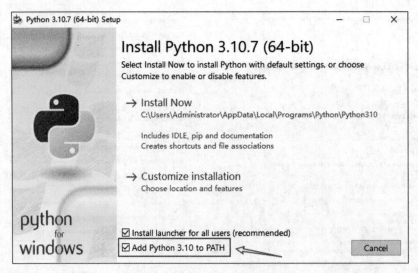

图 1-7　将 Python 添加到环境变量

安装过程会显示正在安装的内容，且伴随着进度条的推进，如图 1-8 所示。

安装完成后，可以在 Windows 的开始菜单中看到已安装的程序，如图 1-9 所示，以 P 开头的程序中多了 Python 3.10，其中 IDLE（Integrated Development and Learning Enviroment）是 Python 安装时自带的集成开发环境，小巧实用，兼容性好；Python 3.10（64-bit）是 Python 的运行程序环境；Python 3.10 Manuals（64-bit）和 Python 3.10 Module Docs（64-bit）是自带的手册和帮助，有很高的参考价值。

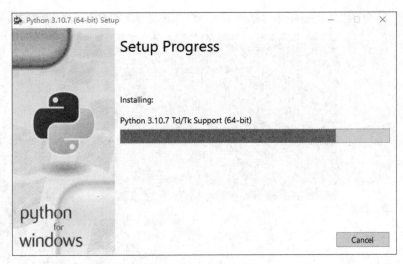

图 1-8　Python 的安装过程

图 1-9　Python 安装完成后包含的程序

　　下面尝试一下用命令行运行 Python，按快捷键 <Win+R> 调出运行对话框，如图 1-10 所示，输入 cmd，按 <Enter> 键运行后，在命令行输入 python 就可以运行 Python。三个大于号 "＞＞＞" 为 Python 运行的命令行提示符，这里显示了 Python 的版本信息，表示 Python 3.10 安装成功，而且添加到了环境变量。

　　可以关闭窗口直接退出，也可以输入 exit()，再按 <Enter> 键退出 Python 运行环境，到此 Python 的基本开发环境就安装好了，那么如此小巧的运行环境都安装了哪些内容呢？图 1-11 所示为 Python 安装所在的文件夹，来看一下 Python 安装文件夹里面都有哪些文件。

图 1-10　用 Windows 命令行运行 Python

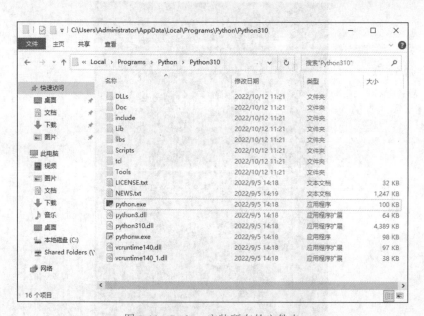

图 1-11　Python 安装所在的文件夹

在执行完安装步骤之后，就会在安装指定的目录下生成各种安装后的文件，目录结构和其中的主要文件介绍如下：

DLLs：Python 的动态库。

Doc：自带的 Python 使用说明文档。

include：包含共享目录。

Lib：库文件，存放自定义模块和包。

libs：编译生成的 Python 的静态库。

Scripts：各种包 / 模块对应的可执行程序。

tcl：桌面编程包。

其中扩展库安装在 libs 中时是扩展库文件夹，Doc 中保存着 Python 当前版本的帮助文件，Scripts 中有相关扩展库安装的程序文件 pip，另外在用 pip 安装 Python 扩展库时，会将相应的扩展库安装到这个文件夹下。

1.3　扩展库的安装

PIP（Pip Installs Python）是一个现代的、通用的 Python 包管理工具，提供了对 Python 包的查找、下载、安装、卸载的功能。Python 3.4 以上版本内置了 pip，默认从 PyPI(Python Package Index) 安装。如图 1-12 所示 PyPI 官网，里面包含很多 Python 扩展库，也有 pip 的介绍，网站支持多种语言。

图 1-12　PyPI 官网

因为 Python 本身的运行环境比较小，当运行需要扩展库的时候，要进行扩展库的安装，否则会报错。Python 程序的源文件扩展名为 ".py"，可以用 Python 安装时自带的 IDLE 进行程序编写调试运行，也可以用其他集成开发环境（Integrated Development Environment，IDE），以下是几个 Python 的 IDE。

（1）PyCharm：
- 功能强大，支持 Django、Flask 等框架。
- 支持代码补全、语法高亮、调试等功能。
- 社区版免费，专业版收费。

（2）VS Code：
- 轻量级，易于安装和使用。
- 支持 Python 扩展，可以通过扩展实现代码补全、语法高亮、调试等功能。
- 免费。

（3）Spyder：
- 类似于 MATLAB 的 Python 的 IDE。
- 支持代码补全、语法高亮、调试等功能。
- 免费。

（4）Jupyter Notebook：

● 交互式的 Python 环境，支持 Markdown 和 LaTex。

● 可以将代码、图表、说明文档等内容整合在一起。

● 免费。

以上 IDE 均具有其独特的特点，具体使用需要根据自己的需求和应用场景来选择。如果代码量不大，可以使用轻量级 IDE，以下是几个 Python 的轻量级 IDE。

（1）Thonny：

● 界面简单易用，适合初学者。

● 支持代码补全、语法高亮、调试等功能。

● 支持 MicroPython。

（2）IDLE：

● Python 自带的 IDE。

● 界面简洁，易于使用。

● 支持代码补全、语法高亮、调试等功能。

（3）Pyzo：

● 轻量级，易于安装和使用。

● 支持代码补全、语法高亮、调试等功能。

（4）Eric：

● 功能强大，支持自定义配置和插件。

● 支持代码补全、语法高亮、调试等功能。

以上 IDE 均具有其独特的特点，大部分适合初学者或者简单调试使用。通常在使用 Python 时需要第三方扩展库，扩展库的安装需要注意不是在三个大于号 "＞＞＞" 提示符下进行（那是 Python 运行环境），而是在 Windows 命令行下输入 pip（或 pip help），按 <Enter> 键后回车后，可以查看 pip 的系统内置帮助信息，会出现 pip 的运行命令和参数的介绍，如图 1-13 所示。

图 1-13　pip 的运行命令及参数说明

可以看到 pip 的运行规则如下：

```
pip <命令> [参数]
```

pip 常用的命令有 list（列出已有扩展库）、install（安装新库）、uninstall（卸载已安装库）等。其中参数的填写规则：以单横杆开始接一个字母，或以双横杆开始接参数对应单词。也可以省略参数以默认方式执行。使用 pip 安装库时，库的名称和在 Python 代码中导入该库时使用的名称通常是相同的。但是，有少数库的导入名称与 pip 安装名称不一致，例如 OpenCV 库，安装命令为 pip install opencv-python，导入时为 import cv2。下面是常见的几个 pip 的使用方法，以安装指定版本的 Pandas 库为例，默认在线安装，命令如下（此时会安装最新版本扩展库）：

```
pip install pandas
```

运行结果如图 1-14 所示，通过先下载再安装的方式，安装 Pandas 相应的依赖库。

```
C:\Users\Administrator>pip install pandas
Collecting pandas
  Downloading pandas-1.5.1-cp310-cp310-win_amd64.whl (10.4 MB)
     ---------------------------------------- 10.4/10.4 MB 4.5 MB/s eta 0:00:00
Collecting pytz>=2020.1
  Downloading pytz-2022.5-py2.py3-none-any.whl (500 kB)
     ---------------------------------------- 500.7/500.7 kB 5.2 MB/s eta 0:00:00
Collecting python-dateutil>=2.8.1
  Downloading python_dateutil-2.8.2-py2.py3-none-any.whl (247 kB)
     ---------------------------------------- 247.7/247.7 kB 7.7 MB/s eta 0:00:00
Collecting numpy>=1.21.0
  Downloading numpy-1.23.4-cp310-cp310-win_amd64.whl (14.6 MB)
     ---------------------------------------- 14.6/14.6 MB 5.9 MB/s eta 0:00:00
Collecting six>=1.5
  Downloading six-1.16.0-py2.py3-none-any.whl (11 kB)
Installing collected packages: pytz, six, numpy, python-dateutil, pandas
Successfully installed numpy-1.23.4 pandas-1.5.1 python-dateutil-2.8.2 pytz-2022.5 six-1.16.0
```

图 1-14　pip 安装 Pandas

下面可以用 pip show pandas 来查看 Pandas 扩展库的信息，运行情况如图 1-15 所示。

```
C:\Users\Administrator>pip show pandas
Name: pandas
Version: 1.5.1
Summary: Powerful data structures for data analysis, time series, and statistics
Home-page: https://pandas.pydata.org
Author: The Pandas Development Team
Author-email: pandas-dev@python.org
License: BSD-3-Clause
Location: c:\users\administrator\appdata\local\programs\python\python310\lib\site-packages
Requires: numpy, python-dateutil, pytz
Required-by:
```

图 1-15　pip 查看 Pandas 信息

上面给出了扩展库的信息，以及主页、作者、安装位置、依赖库等信息。

如果调试一个指定版本扩展库的程序，可以指定第三方库的版本安装命令：

```
pip install 第三方库名称 == 版本号
pip install pandas==1.5.0
```

指定版本号的几种方式如下：

（1）不指定的情况下，默认安装最新的版本。

（2）== 用于指定具体版本号。

（3）<= 用于指定最高版本号。

（4）>= 用于指定最低版本号。

（5）< 表示不高于某版本号。

（6）> 表示不低于某版本号。

值得注意的是，若不指定具体的版本号，则需要用引号（''），如下：

```
pip install 'pandas>1.3'
```

注意 pip 命令是在 Windows 命令行下运行的，不是在 Python 环境（>>> 提示符）下运行的。除此之外，还可以下载安装包（".whl" 扩展名的轮子文件）离线安装扩展库，这让没有网络环境的程序调试更加方便。

在更换不同版本的扩展库的时候一般需要先卸载原有版本，比如 pip unistall pandas，然后进行指定版本安装。在卸载的时候相应的依赖库不会被卸载。

1.4　开发环境应用示例

1.4.1　Anaconda 的功能介绍及安装

集成开发环境是辅助程序员开发的应用软件的总称。IDLE、iPython、PyCharm、JupyterNotebook、JupyterLab、Spyder 等都是常用的 Python 集成开发环境。从 Python 的运行环境安装到扩展库的安装，以及集成开发环境的配置，都需要仔细研究，这里推荐 Anaconda 软件，安装以后可以集成所有的工具。

Conda 是一个开源的包、环境管理器，可以用于在同一个机器上安装不同版本的软件包及其依赖，并能够在不同的环境之间切换。Anaconda 从 Conda 起源，是 Python 运行的集成开发环境，功能完备、集成度高、安装简单，可到 Anaconda 官网下载对应的安装程序，如图 1-16 所示。

图 1-16　Anaconda 官网下载页

下载完成后，可以右击文件，选择"以管理员身份运行"选项，随后进行安装，在安装过程中可以看到安装了很多资源，如图 1-17 所示。

最后安装完成界面如图 1-18 所示。

此时为了更方便地使用 Anaconda，可安装火狐浏览器。安装完成后可以看到，在开始菜单的程序里有最近安装的程序，如图 1-19 所示，可以在此启动 Anaconda。

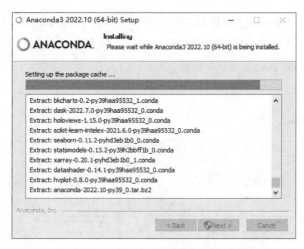

图 1-17 Anaconda 安装进度显示

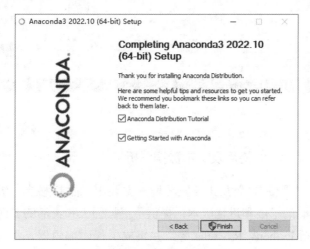

图 1-18 Anaconda 安装完成界面

图 1-19 最近安装的程序

Anaconda 集成了 Python 开发所需的解释器、扩展库及集成开发环境，集成开发环境有 JupyterLab、JupyterNotebook、Spyder 等，同时已经预先安装好了很多扩展库，方便数据分析。图 1-20 所示为 Anaconda 主界面。

图 1-20   Anaconda 主界面

1.4.2　JupyterLab 的使用及文本数据分析实例演示

JupyterLab 是一个开源的交互式开发环境，主要用于数据科学、编程和教育等领域，它是 JupyterNotebook 的扩展和进化版本，提供了更加强大和灵活的界面。JupyterLab 支持多种编程语言，包括 Python、R、Julia 等，并集成了代码编辑器、终端、文件浏览器等，为用户提供了一个完整的开发环境。JupyterLab 非常适合用于数据处理，在这里可以新建 Notebook 的 Python 编程文件，也可以在控制台（Console）启动 Python 终端，以及系统终端 Terminal、Text File、Markdown File、Python File 等，便于 Python 程序的调试和使用。JupyterLab 启动界面如图 1-21 所示。

图 1-21   JupyterLab 启动界面

界面左侧类似 Windows 资源管理器，右侧是创建各种类型的文件的快捷方式图标。通过左侧资源管理器进入如图 1-22 所示的目录文件，在 chapter 1 文件夹中，进行文本数据分析实例运行。

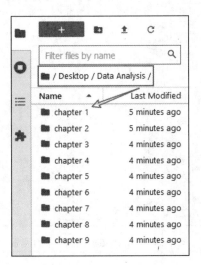

图 1-22　访问 chapter 1 文件夹

进入 chapter 1 文件夹后，打开"文本数据分析 .ipynb"，此处".ipynb"为 JupyterNotebook 的文件扩展名。随后单击运行第一个 cell，下方会提示 ModuleNotFoundError，如图 1-23 所示。

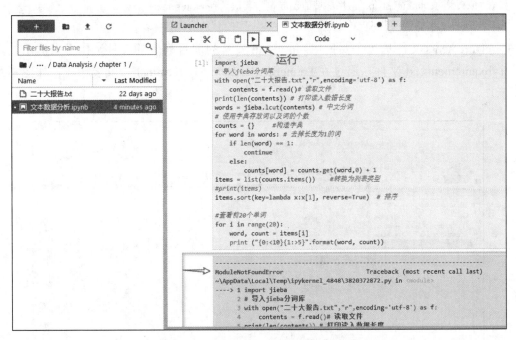

图 1-23　运行文本数据分析实例后报错

jieba 分词库用于将大段文本分成一个个的词语，这里提示没有安装这个库。现在 Anaconda 的运行环境（Environments）是默认基本环境（base），在扩展库显示项中选择 Installed，在右侧搜索框搜索 jieba，可以查看目前未安装 jieba 库，如图 1-24 所示。

此处我们采用另外一种方法进行扩展库的安装。当调试一个 Python 项目时，如果扩展库比较多，而且对相应版本号有要求，可以把需要安装的扩展库及版本信息等通过 requirements.txt 导出来，随后在新建环境时，用一个命令便可部署好新环境。

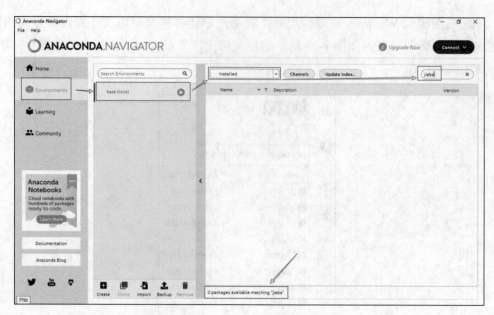

图 1-24　Anaconda 中扩展库的搜索

　　requirements 文件的常见用法是先生成一个 requirements.txt，然后在新环境中安装。
requirements 可以保存 pip freeze 的结果，以实现可重复安装，在这种情况下，requirements
包含运行 pip freeze 时安装的所有内容的固定版本。命令如下：

```
pip freeze > requirements.txt // 将环境的当前包列表记录到 requirements.txt
pip install -r requirements.txt // 根据 requirements.txt 安装项目依赖包
```

　　requirements 文件是包含要使用 pip install 安装的项目列表的文件，接下来演示使用
一个 requirements.txt 文件，通过在 Launcher 中启动一个 Terminal 来安装环境，如图 1-25
所示。

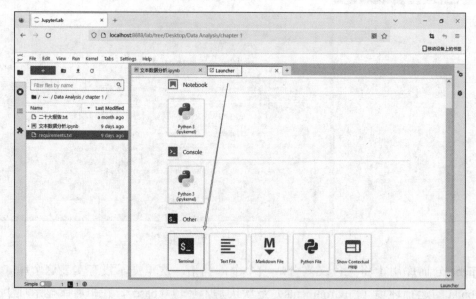

图 1-25　在 JupyterLab 中启动 Terminal

　　启动 Terminal 后运行 pip install -r requirements.txt，如图 1-26 所示，直到提示"Successfully
install..."表示已成功安装了相应的扩展库，此时调试的环境配置完成。可以再来运行一
下刚才的程序，看看报错是否已经消除了。

```
Windows PowerShell
版权所有 (C) Microsoft Corporation。保留所有权利。

尝试新的跨平台 PowerShell https://aka.ms/pscore6

PS C:\Users\Administrator\Desktop\Data Analysis\chapter 1> install -r requirements.txt
Collecting jieba==0.42.1
    Downloading jieba-0.42.1.tar.gz (19.2 MB)
                                        19.2/19.2 MB 5.2 MB/s eta 0:00:00
    Preparing metadata (setup.py) ... done
Collecting wordcloud==1.8.2.2
    Downloading wordcloud-1.8.2.2-cp39-cp39-win_amd64.whl (153 kB)
                                        153.1/153.1 kB 4.5 MB/s eta 0:00:00
Requirement already satisfied: numpy>=1.6.1 in c:\programdata\anaconda3\lib\site-packages (from wordcloud==1.8.2.2-)-r requi
rements.txt (line 2)) (1.21.5)
Requirement already satisfied: pillow in c:\programdata\anaconda3\lib\site-packages (from wordcloud==1.8.2.2-)-r requirement
s.txt (line 2)) (9.2.0)
Requirement already satisfied: matplotlib in c:\programdata\anaconda3\lib\site-packages (from wordcloud==1.8.2.2-)-r require
ments.txt (line 2)) (3.5.2)
Requirement already satisfied: packaging>=20.0 in c:\programdata\anaconda3\lib\site-packages (from matplotlib->wordcloud==1.
8.2.2-)-r requirements.txt (line 2)) (21.3)
Requirement already satisfied: pyparsing>=2.2.1 in c:\programdata\anaconda3\lib\site-packages (from matplotlib->wordcloud==1
.8.2.2-)-r requirements.txt (line 2)) (3.0.9)
Requirement already satisfied: kiwisolver>=1.0.1 in c:\programdata\anaconda3\lib\site-packages (from matplotlib->wordcloud==
1.8.2.2-)-r requirements.txt (line 2)) (1.4.2)
Requirement already satisfied: python-dateutil>=2.7 in c:\programdata\anaconda3\lib\site-packages (from matplotlib->wordclou
d==1.8.2.2-)-r requirements.txt (line 2)) (2.8.2)
Requirement already satisfied: cycler>=0.10 in c:\programdata\anaconda3\lib\site-packages (from matplotlib->wordcloud==1.8.2
.2-)-r requirements.txt (line 2)) (0.11.0)
Requirement already satisfied: fonttools>=4.22.0 in c:\programdata\anaconda3\lib\site-packages (from matplotlib->wordcloud==
1.8.2.2-)-r requirements.txt (line 2)) (4.25.0)
Requirement already satisfied: six>=1.5 in c:\programdata\anaconda3\lib\site-packages (from python-dateutil>=2.7->matplotlib
->wordcloud==1.8.2.2-)-r requirements.txt (line 2)) (1.16.0)
Building wheels for collected packages: jieba
    Building wheel for jieba (setup.py) ... -
```

图 1-26　requirements 安装扩展库

在 jieba.lcut() 方法中 cut_all 为可选参数，默认为 False，表示使用精确模式进行分词；当设置为 True 时，表示使用全模式进行分词。两种分词方式的分词结果会不同，读者可以用简短文本进行练习来理解两种分词模式。通过运行可以统计出来文本数据"二十大报告 .txt"中的词频信息，其中"发展"词频 218 次，"坚持"词频 170 次，"建设"词频 150 次，如图 1-27 所示。

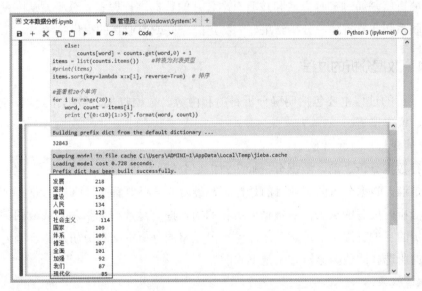

图 1-27　统计文本高频词汇

为了形象地表示这些词频，运行下面的模块，此时会发现右侧资源管理器中生成了"二十大词云图 .png"，打开词云图，如图 1-28 所示。

从词频数据以及词云图中可以看到，在党的二十大报告中，发展、建设、坚持、人民、社会主义、现代化等是频率较高的词汇，在词云图中用大字体在醒目位置作了展示。这与党的二十大的主题"高举中国特色社会主义伟大旗帜，全面贯彻新时代中国特色社会主义思想，弘扬伟大建党精神，自信自强、守正创新，踔厉奋发、勇毅前行，为全面建设社会主义现代化国家、全面推进中华民族伟大复兴而团结奋斗"是相符的。

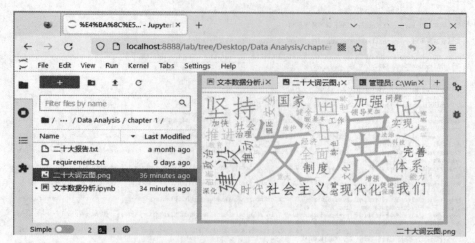

图 1-28　词云图显示

1.5　数据分析概述

由以上实例可以看到数据分析的基本流程，先从数据源（数据文件）获取数据，然后运行程序进行数据分析，最后进行数据可视化展示。该流程可将抽象的数据形象地展示出来，对于不同的数据类型，如文本数据、数值数据、地理信息数据等，在技术细节上会有所不同。

数据分析就是通过某种方法和技巧对准备好的数据进行探索、分析，从中发现因果关系、内部联系和业务规律等分析结果，为特定的研究或商业目的提供参考。

1.5.1　数据分析的过程

数据分析的过程主要包括明确分析目的和内容、数据收集、数据预处理、数据分析、数据展现、报告撰写。

1. 明确分析目的和内容

在进行数据分析之前，数据分析师应对需要分析的项目进行详细了解，比如：数据分析的对象是谁？数据分析的商业目的是什么？最后的结果要解决什么样的业务问题？

数据分析时要有的放矢，对数据分析目的的把握，是数据分析项目成败的关键，只有对数据分析的目的有深刻的理解，才能整理出完整的分析框架和分析思路，因为不同的数据分析目的所选择的数据分析方法是不同的。

2. 数据收集

数据收集是一个按照确定的目的需求和框架内容，有针对性地收集、整理相关数据的过程，它是数据分析的基础。

数据收集方法：问卷法、测验法、观察法、访谈法、爬取法和数据库获取法等。

3. 数据预处理

数据预处理是指对收集到的数据进行加工、整理、以便开展数据分析，做好数据分析前的准备，做好数据规整化。数据预处理的过程概括起来包括数据预览、数据清理、数据转换、数据验证。

数据预览：了解数据总体情况，包括数据量、数据类型等信息，检查数据量是否满足分析的最低要求，变量值的内容是否与研究目的的要求一致，是否全面，包括利用描述性统计分析，检查各个变量的数据类型，变量值的最大值、最小值、平均数、中位数等，数据个数、缺失值和空值个数等。

数据清理：针对数据审查过程中发现的明显错误值、缺失值、异常值、空值以及可疑数据等，选用合适的方法进行清理，同时也包括删除重复记录。

数据转换：数据分析强调分析对象的可比性，但不同变量值由于计量单位等不同，使得数据不可比，因此需要在数据分析前对数据进行变换，包括无量纲化处理、线性变换、汇总和聚集、适度概化、规范化以及属性构造等。

数据验证：初步评估和判断数据是否满足统计分析的需要，以便决定是否增加或减少数据量。可以利用简单的线性模型及散点图、直方图、折线图等图形进行探索性分析，利用相关分析、一致性检验等方法对数据的准确性进行验证，确保不把错误和有偏差的数据带入数据分析模型中。

4. 数据分析

数据分析实现从数据到价值的转化过程，为解决问题作参考。做好这一步需要在数据分析方法和数据分析工具两方面入手。

数据分析方法：方差、回归、因子、聚类、分类、时间序列等。

数据分析工具：基础性工具如 Excel，专业分析软件如 SPSS、SAS、MATLAB、Python、R 语言等。

5. 数据展现

字不如表，表不如图。一图抵万言，可视化展示可以形象地把数据展示出来。数据展现常用图有饼图、折线图、柱状图 / 条形图、散点图、雷达图、金字塔图、矩阵图、漏斗图、帕累托图等。

6. 报告撰写

数据分析的最后，要总结数据分析的目的、过程、结果，形成便于参考、易于阅读的完整分析报告，有理有据地呈现数据价值，给出明确的结论、建议及相关问题的解决方案。

1.5.2　数据分析常用扩展库

数据分析常用扩展库包括：NumPy、SciPy、Matplotlib、Pandas、StatsModels、Scikit-learn、Keras、Gensim 等，下面对这八个扩展库进行简单介绍，具体使用方法可以参考官方文档。

（1）NumPy 提供了真正的数组功能以及对数据进行快速处理的函数，是 Python 中相当成熟和常用的扩展库。

（2）SciPy 依赖于 NumPy，因此安装前需先安装 NumPy。SciPy 包含的功能有最优化、线性代数、积分、插值、拟合、特殊函数、快速傅里叶变换、信号处理和图像处理、常微积分求解等其他科学与过程中常用的计算。

（3）Matplotlib 是最著名的绘图库，主要用于二维绘图，以及简单的三维绘图。它提供了一整套丰富的命令，让用户可以非常快捷地用 Python 生成可视化数据，而且允许输出达到出版质量的多种图像格式。

（4）Pandas 是 Python 下最强大的数据分析和探索工具，包含高级的数据结构和精巧的工具，其功能包括：支持类似 SQL 的数据增、删、查、改，并有丰富的数据处理函数；

支持时间序列分析；能灵活处理缺失数据；等等。

（5）StatsModels 注重数据的统计建模分析，使得 Python 有了 R 语言的味道。StatsModels 与 Pandas 结合成为 Python 下强大的数据挖掘组合。

（6）Scikit-learn 是一个与机器学习相关的扩展库，它提供了完善的机器学习工具箱，包括数据预处理、分类、回归、聚类、预测、模型分析等功能。

（7）Keras 并非简单的神经网络库，而是一个基于 Theano 的强大的深度学习库，不仅可以搭建简单普通的神经网络，还可以搭建各种深度学习模型，如自编码器、循环神经网络、递归神经网络、卷积神经网络等。使用 Keras 搭建神经网络模型的过程相当简单，也相当直观，就像搭积木一样，通过几十行代码，就可以搭建起一个非常强大的神经网络模型，甚至是深度学习模型。

（8）Gensim 用于处理语言方面的任务，如文本相似度计算、LDA、Word2Vec 等。据说 Gensim 的作者对 Word2Vec 的代码进行了优化，所以它在 Gensim 下的表现比原生的 Word2Vec 还要快。

本 章 小 结

本章为 Python 数据分析的基础章节，首先介绍了 Python 语言特点，并对开发环境进行安装部署，然后进行扩展库的安装，随后讲解了 Anaconda 的安装使用，并对一个文本数据文件进行数据分析实例演示。通过本章的学习和操作练习，应掌握项目环境的安装部署，对数据分析流程有了大概的认识。针对操作过程中的问题，本书以一种启发式开放式的方式进行演示，旨在引导读者既可以按部就班地进行练习，又可以保持好奇心，查找资料深入学习。有了对数据分析的成就感之后，可以大大提升学习效率和学习效果。最后，数据分析概述部分对于数据分析相关概念进行了阐述，对常见的扩展库作了简要介绍，也为读者开拓了视野，数据分析涉及很多方面，有兴趣的读者可以逐一深入学习。如果你已经通过实例演示操作和数据分析介绍，打开了数据分析的大门，那就踏上愉快的探索学习之旅吧！

练 习 1

一、选择题

1. Python 安装完成后自带的集成开发环境是（　　）。

    A．PyCharm　　　　　　　　　　B．IDLE

    C．iPython　　　　　　　　　　　D．Jupyter Notebook

2. Python 官方的扩展库索引网址是（　　）。

    A．www.python.com　　　　　　B．pypi.org

    C．www.anaconda.com　　　　　D．mirrors.tuna.tsinghua.edu.cn

3. 用 pip 查看已经安装的扩展库的命令是（　　）。

    A．pip list　　　　　　　　　　　B．pip uninstall

    C．pip install　　　　　　　　　　D．pip show

4．Python 环境运行的提示符是（　　）。

A．\> 　　　　　　　B．>>> 　　　　　　　C．: 　　　　　　　D．$

5．ModuleNotFoundError 错误提示表示（　　）。

A．语法错误　　　　　　　　　　B．变量异常

C．分母为零错误提示　　　　　　D．未安装需要的扩展库

二、填空题

1．IDE 是 _____ 的缩写，中文称为集成开发环境，用于表示辅助程序员开发的应用软件的一个总称。

2．数据分析的过程六个环节主要包括：_____、_____、_____、_____、_____、_____。

3．数据分析中常用的分词库是 _____。

4．JupyterNotebook 文件的扩展名是 _____。

三、操作题

1．用 pip 查看已有扩展库，查看 Pandas 是否安装，安装最新版 Pandas，随后卸载，安装旧版本，查看是否安装成功，最后卸载 Pandas。

2．熟悉 Anaconda 界面，尝试用不同 IDE 调试程序运行，进行党的二十大报告的文本数据分析，并统计出高频词汇，画出词云图。

第 2 章　Python 语言基础

本章导读

　　在上一章文本数据分析的程序中，记录不同词语的频度用到了字典数据类型，使用字典来存放词和词频，在输出排序前转变为列表类型，由此可见在数据分析的程序中，经常会用到 Python 的这些数据类型。Python 有 6 个标准的数据类型，包括数值（Number）、字符串（String）、列表（List）、元组（Tuple）、集合（Set）、字典（Dictionary）。这些数据类型各有特点，同时也有一些共有的方法。Python 作为支持函数式编程的语言，除了有内置函数外，还可以实现自定义函数和匿名函数。Python 还是一门面向对象的编程语言，可以定义类和对象。本章从 Python 基本数据类型特性出发，介绍与数据分析相关的数据类型和操作，以及读取数据文件的方法。

本章要点

- ♀ 数据类型
- ♀ 数据类型的共有方法
- ♀ 字符串、列表、元组、集合及字典的方法
- ♀ 内置函数与自定义函数
- ♀ 类和对象
- ♀ 读取数据文件

数据类型

2.1　数　据　类　型

　　Python 基本数据类型包括数值、字符串、列表、元组、集合、字典。其中列表、元组、集合和字典通过数据容器或数据结构把数据按照一定的规则存储起来，因此有时候也称为数据容器或数据结构。丰富的数据类型，便于数据存储和数据分析操作。数据分析的程序，就是通过操作数据容器中的数据来实现的，在处理数据的过程中，利用结构化程序设计或者函数式编程来处理规模较小的数据分析问题。对于更大规模的工程，则需要用面向对象的编程方式来处理，可以通过定义类、实例化对象等，实现数据的处理计算以及分析可视化等操作。

2.1.1　数值

　　数字在实际生活中的应用最广泛，这种数据就是数值型数据。常见的数值型数据包括整型和浮点型，用来表示整数的数据类型叫作整型（Integer），如 0、1、2、256、1024 等没有小数点的数据；用来表示实数的数据类型叫作浮点型（Float），如 3.141592、0.618、0.3 等带有小数点的数据。

　　下面通过代码来演示数值型数据的简单使用（说明：本书中代码部分以底色标注，运行结果部分以粗体显示）。

（1）整型数据。示例代码及运行结果如下：

```
data_integer=5050        # 整型数据赋值
data_integer
```

5050

```
type(data_integer)       # 查看数据类型
```

int

```
help(int)                # 查看详细数据类型信息
```

查看详细数据类型信息命令的部分运行结果显示如下：

Help on class int in module builtins:
class int(object)
| int([x]) -> integer
| int(x, base=10) -> integer
|
| Convert a number or string to an integer, or return 0 if no arguments
| are given. If x is a number, return x.__int__(). For floating point
| numbers, this truncates towards zero.

（2）浮点型数据。示例代码及运行结果如下：

```
data_float=3.14          # 浮点型数据赋值
data_float
```

3.14

```
type(data_float)         # 查看数据类型
```

float

```
help(float)              # 查看详细数据类型信息
```

查看详细数据类型信息命令的部分运行结果显示如下：

Help on class float in module builtins:
class float(object)
| float(x=0, /)
|
| Convert a string or number to a floating point number, if possible.

　　编程语言中涉及逻辑判断的，都有布尔类型数据，在 Python 中 True 表示真，False 表示假。布尔类型也可以看成一种特殊的整型，1 表示真，0 表示假。示例代码及运行结果如下：

```
data_true=True               # 赋值变量为真
data_true
```

True

```
type(data_true)              # 查看数据类型
```

bool

```
data_bool= data_true==1      # 判断 1 是否等价于 True
```

```
data_bool
```

True

```
data_bool= False==0          # 判断 0 是否等价于 False
data_bool
```

True

```
type(data_bool)              # 查看数据类型
```

bool

```
help(bool)                   # 查看详细数据类型信息
```

查看详细数据类型信息命令的部分运行结果显示如下：

Help on class bool in module builtins:
class bool(int)
| bool(x) -> bool
|
| Returns True when the argument x is true, False otherwise.
| The builtins True and False are the only two instances of the class bool.
| The class bool is a subclass of the class int, and cannot be subclassed.

此处介绍一下 is 和 "=="的区别，Python 是一种面向对象的语言，Python 中对象包含三种基本要素：id（返回的是对象的地址）、type（返回的是对象的数据类型）及 value（对象的值）。

is 和 "=="都可以对两个对象进行比较，而且它们的返回值都是布尔类型。但是它们比较的内容是不同的，is 比较的是两个对象的地址值，也就是说两个对象是否为同一个实例对象；而 "=="比较的是对象的值是否相等，其调用了对象的 __eq__() 方法。如果换成 is，那么返回的布尔值会不一样。示例代码及运行结果如下：

```
x = 0
y = 1
data_x = (True is x)
data_y = (False is y)
data_x,data_y
```

(False, False)

2.1.2　字符串

字符串主要用于表示文本数据类型，字符串中的字符可以是数值、ASCII 编码等各种符号。英文输入状态下，字符串用一对单引号或一对双引号标注。注意数值型数据和字符串中的数值的区别，示例代码及运行结果如下：

```
data_str = "Python 数据分析"  # 字符串型数据赋值
print("{} 内的数据为 :{}，该数据类型为 {}".format("data_str",data_str,type(data_str)))
# 输出数据和相应数据类型
```

data_str 内的数据为 :Python 数据分析，该数据类型为 <class 'str'>

```
x = '3.14' # 字符串型数据赋值
y = 3.14  # 浮点型数据赋值
```

```
x,y
```

('3.14', 3.14)

```
x==y
```

False

2.1.3　列表

列表作为 Python 中的一种常用的数据结构，可以存放不同类型的数据，这些数据可以修改，列表用方括号"[]"标注进行定义。示例代码及运行结果如下：

```
data_list=[" 学号 "," 姓名 "," 班级 "," 性别 "," 年龄 ",18]        # 不同数据类型赋值给列表
data_list
```

[' 学号 ', ' 姓名 ', ' 班级 ', ' 性别 ', ' 年龄 ', 18]

```
type(data_list)
```

list

```
help(list)              # 查看详细数据类型信息
```

查看详细数据类型信息命令的部分运行结果显示如下：

Help on class list in module builtins:

class list(object)

| list(iterable=(), /)

|

| Built-in mutable sequence.

|

| If no argument is given, the constructor creates a new empty list.

| The argument must be an iterable if specified.

2.1.4　元组

元组和列表类似，也是一种常用数据结构，可以存放不同类型的数据，但是元组中的元素不能被修改，元组用圆括号"()"标注进行定义。示例代码及运行结果如下：

```
data_tuple=(" 数据 ",0.618," 黄金分割 ",(" 元组 ","3.14"),[1,2,3])        # 元组
data_tuple
```

(' 数据 ', 0.618, ' 黄金分割 ', (' 元组 ', '3.14'), [1, 2, 3])

```
type(data_tuple)
```

tuple

```
help(tuple)              # 查看详细数据类型信息
```

查看详细数据类型信息命令的部分运行结果显示如下：

Help on class tuple in module builtins:

class tuple(object)

| tuple(iterable=(), /)

|

| Built-in immutable sequence.

| If no argument is given, the constructor returns an empty tuple.
| If iterable is specified the tuple is initialized from iterable's items.
|
| If the argument is a tuple, the return value is the same object.

2.1.5　集合

集合作为常用数据结构，类似于数学中的集合概念，集合内元素如果有重复的，将自动去重。集合作为不重复元素的序列，在 Python 中用花括号"{}"标注进行定义，示例代码及运行结果如下：

```
data_set={1,2,3,"a","b","c",1,2,3}          #集合
data_set
```

{1, 2, 3, 'a', 'b', 'c'}

```
type(data_set)
```

set

```
help(set)                    # 查看详细数据类型信息
```

查看详细数据类型信息命令的部分运行结果显示如下：

Help on class set in module builtins:
class set(object)
| set() -> new empty set object
| set(iterable) -> new set object
|
| Build an unordered collection of unique elements.

2.1.6　字典

字典是一个无序、可变和有索引的集合。在 Python 中，字典用花括号标注，其元素由键（key）和值（value）两部分组成键值对，键在前，值在后，键和值中间用冒号":"来区分，元素之间用逗号","隔开作为字典的元素，键值对中的键必须是唯一的，但是值不必唯一。键可以是数值、字符串，值可以是数值、字符串、列表、元组、集合等其他数据类型，示例代码及运行结果如下：

```
data_dict={"integer":123,
      "float":3.14,
      "string":"02",
      "list":["a","b","c",1,2,3],
      "tuple":("x","y","z",7,8,9),
      "set":{2,3,4,5,2,3}}
data_dict
```

{'integer': 123,
'float': 3.14,
'string': '02',
'list': ['a', 'b', 'c', 1, 2, 3],
'tuple': ('x', 'y', 'z', 7, 8, 9),
'set': {2, 3, 4, 5}}

```
type(data_dict)
```

dict

```
print("{} 内的数据为 :\n{}\n 该数据类型为 {}".format("data_dict",data_dict,type(data_dict)))
```

data_dict 内的数据为 :
{'integer': 123, 'float': 3.14,
'string': '02', 'list': ['a', 'b', 'c', 1, 2, 3],
'tuple': ('x', 'y', 'z', 7, 8, 9),
'set': {2, 3, 4, 5}}
该数据类型为 <class 'dict'>

```
help(dict)                     # 查看详细数据类型信息
```

查看详细数据类型信息命令的部分运行结果显示如下 :
Help on class dict in module builtins:
class dict(object)
| dict() -> new empty dictionary
| dict(mapping) -> new dictionary initialized from a mapping object's
| (key, value) pairs
| dict(iterable) -> new dictionary initialized as if via:
| d = {}
| for k, v in iterable:
| d[k] = v
| dict(**kwargs) -> new dictionary initialized with the name=value pairs
| in the keyword argument list. For example: dict(one=1, two=2)

2.2　数据类型的共有方法

数据类型的共有方法

以上介绍的数据类型也叫作数据结构，在 Python 中的共有方法对于大部分数据结构都适用，这里主要介绍索引、切片、提取长度、统计、确认成员身份、删除变量等常用的数据操作方法。

2.2.1　索引

索引可以理解为查找并定位到某个元素，一般通过下标位置来访问指定数据类型变量的值，注意下标序号（简称"序号"）从 0 开始，有序的数据类型都可以使用这种索引方式，如字符串、列表、元组。字典的索引可以通过键（key）来索引，访问其对应的值（value）。由于集合的元素是无序的，因此不支持索引访问。索引的示例代码如下 :

```
# 分别定义字符串、列表、元组、字典类型
data_str=" 全面推进中华民族伟大复兴 "
data_list=[' 发展 ',' 坚持 ',' 建设 ',' 人民 ',' 中国 ',' 社会主义 ',' 国家 ',' 体系 ',' 推进 ',' 全面 ']
data_tuple=(' 发展 ',' 坚持 ',' 建设 ',' 人民 ',' 中国 ',' 社会主义 ',' 国家 ',' 体系 ',' 推进 ',' 全面 ')
data_dict={" 发展 ":218," 坚持 ":170," 建设 ":150," 人民 ":134," 中国 ":123," 社会主义 ":114}
# 输出编号索引和字典中的 key 索引
print(data_str[0],data_list[1],data_tuple[2],data_dict[" 社会主义 "])
```

代码运行结果如下：

全 坚持 建设 114

2.2.2 切片

对数据结构中特定的部分元素进行连续提取的操作叫作切片，也就是在指定索引范围下，对数据实现分块访问或提取的一种数据操作方式，对于有序的数据结构，可以使用这种操作，其在数据处理中有广泛的应用。字符串的切片是针对字符串中的每个字符进行操作；列表、元组的切片是操作其中的元素。

切片的基本语法如下：

```
[start: stop: step]
```

其中，start 是起始索引（包含该索引），stop 是结束索引（不包含该索引），step 是步长。

开始索引位置第一个为 0，如果省掉开始索引位置或者结束索引位置，就是提取全部。如果从某一位置到结束位置，那么可以省略最后的索引位置。切片示例代码如下：

```
# 分别定义字符串、列表、元组类型
data_str=" 全面推进中华民族伟大复兴 "
data_list=[' 发展 ',' 坚持 ',' 建设 ',' 人民 ',' 中国 ',' 社会主义 ',' 国家 ',' 体系 ',' 推进 ',' 全面 ']
data_tuple=(' 发展 ',' 坚持 ',' 建设 ',' 人民 ',' 中国 ',' 社会主义 ',' 国家 ',' 体系 ',' 推进 ',' 全面 ')
# 输出一段范围和步长的切片数据 , 注意左闭右开区间
print(data_str[0:5:2],data_list[1:3],data_tuple[2:-1])
```

代码运行结果如下：

全推中 [' 坚持 ',' 建设 '] (' 建设 ',' 人民 ',' 中国 ',' 社会主义 ',' 国家 ',' 体系 ',' 推进 ')

2.2.3 提取长度

字符串的长度为字符串中所有字符的个数，包括空格，列表、元组、集合的长度为里面元素的个数，字典的长度为键值对的个数，或者说是键的个数。提取长度操作用 Python 的内置函数 len() 来实现，示例代码如下：

```
# 分别定义字符串、列表、元组、集合、字典类型
data_str=" 全面推进中华民族伟大复兴 "
data_list=[' 发展 ',' 坚持 ',' 建设 ',' 人民 ',' 中国 ',' 社会主义 ',' 国家 ',' 体系 ',' 推进 ',' 全面 ']
data_tuple=(' 发展 ',' 坚持 ',' 建设 ',' 人民 ',' 中国 ',' 社会主义 ',' 国家 ',' 体系 ',' 推进 ',' 全面 ')
data_set={' 发展 ',' 坚持 ',' 建设 ',' 人民 ',' 中国 '}
data_dict={" 发展 ":218," 坚持 ":170," 建设 ":150," 人民 ":134," 中国 ":123," 社会主义 ":114}
# 输出不同数据类型的长度
print(len(data_str),len(data_list),len(data_tuple),len(data_set),len(data_dict))
```

代码运行结果如下：

13 10 10 5 6

2.2.4 统计

统计常用的函数有最大值、最小值、求和等，统计的对象可以是字符串、列表、元组、集合、字典。无论是英文还是中文，字符串比较大小都是比较字符串的第一个字符编码，

英文按照 ASCII 码比较，中文按照 Unicode 码比较。统计的示例代码如下：

```
# 分别定义字符串、列表、元组、集合、字典类型
data_str=" 全面推进中华民族伟大复兴 "
data_list=[' 发展 ',' 坚持 ',' 建设 ',' 人民 ',' 中国 ',' 社会主义 ',' 国家 ',' 体系 ',' 推进 ',' 全面 ']
data_tuple=(' 发展 ',' 坚持 ',' 建设 ',' 人民 ',' 中国 ',' 社会主义 ',' 国家 ',' 体系 ',' 推进 ',' 全面 ')
data_set={' 发展 ',' 坚持 ',' 建设 ',' 人民 ',' 中国 '}
data_dict={" 发展 ":218," 坚持 ":170," 建设 ":150," 人民 ":134," 中国 ":123," 社会主义 ":114}
# 输出不同数据类型的 max 或 min，sum 只能用于数值型数据
print(max(data_str),max(data_list),min(data_tuple),min(data_set),min(data_dict))
```

代码运行结果如下：

面 社会主义 中国 中国 中国

2.2.5　确认成员身份

确认成员身份，就是判断某个元素是否属于指定的数据结构，"in" 的意思是 "在……里面""在……中"。使用 in 关键字可以判断一个元素是否存在于指定的数据结构中。如果元素存在于数据结构中，则 in 运算符返回 True，否则返回 False。示例代码如下：

```
# 分别定义字符串、列表、元组、集合、字典类型
data_str=" 全面推进中华民族伟大复兴 "
data_list=[' 发展 ',' 坚持 ',' 建设 ',' 人民 ',' 中国 ',' 社会主义 ',' 国家 ',' 体系 ',' 推进 ',' 全面 ']
data_tuple=(' 发展 ',' 坚持 ',' 建设 ',' 人民 ',' 中国 ',' 社会主义 ',' 国家 ',' 体系 ',' 推进 ',' 全面 ')
data_set={' 发展 ',' 坚持 ',' 建设 ',' 人民 ',' 中国 '}
data_dict={" 发展 ":218," 坚持 ":170," 建设 ":150," 人民 ":134," 中国 ":123," 社会主义 ":114}
# 输出不同数据类型的 in 命令应用
bool_str=" 发展 " in data_str
bool_list=" 人民 " in data_list
bool_tuple=" 全面推进 " in data_tuple
bool_set=" 坚持 " in data_set
bool_dict=" 社会主义 " in data_dict
print(bool_str,bool_list,bool_tuple,bool_set,bool_dict)
```

代码运行结果如下：

False True False True True

2.2.6　删除变量

程序运行时，所有的变量都会占用计算机空间资源，必要的时候删除不用的变量可以释放空间。可以用 del 命令来删除变量，示例代码如下：

```
# 分别定义字符串、列表、元组、集合、字典类型
data_str=" 全面推进中华民族伟大复兴 "
data_list=[' 发展 ',' 坚持 ',' 建设 ',' 人民 ',' 中国 ',' 社会主义 ',' 国家 ',' 体系 ',' 推进 ',' 全面 ']
data_tuple=(' 发展 ',' 坚持 ',' 建设 ',' 人民 ',' 中国 ',' 社会主义 ',' 国家 ',' 体系 ',' 推进 ',' 全面 ')
data_set={' 发展 ',' 坚持 ',' 建设 ',' 人民 ',' 中国 '}
data_dict={" 发展 ":218," 坚持 ":170," 建设 ":150," 人民 ":134," 中国 ":123," 社会主义 ":114}
# del 删除不同数据类型的变量
```

```
del data_list,data_tuple,data_set,data_dict
print(data_str)              # 保留了字符串类型
print(data_list)            # 删除了的变量，会报错 NameError
```

代码运行结果如下：

全面推进中华民族伟大复兴

NameError: name 'data_list' is not defined

2.3 字符串、列表、元组、集合及字典的方法

字符串的方法

2.3.1 字符串的方法

编程描述信息的时候，必然会用到类似于纯文本的数据，就是字符串，因此字符串一直是所有编程语言中最基本的数据类型，也可以把它看作一种特殊的数据结构，熟练掌握字符串的操作是数据分析的基础，也是编程的基本功。下面学习最常用的字符串的处理方法，包括创建空字符串、查找子串、替换子串、字符串连接和字符串比较等操作方法。理解字符串的这些方法对于理解和使用数据分析扩展库的函数和方法有很大帮助。

（1）创建空字符串：可以通过表示字符串的符号，即单引号或者双引号创建；也可以通过 str() 函数来创建。用表示符号方法创建空类型的可读性好，推荐使用，其也可以用于强制类型转换，把其他形式的数据结构转换成字符串。创建空字符串的示例代码及运行结果如下：

```
data_str1 = '';data_str2 = "";data_str3 =str()
# Python 中多行语句在一行可以用 ";" 隔开，三种创建空字符的方法，推荐第三种
data_str1 # 显示变量为两个英文单引号，不是一个双引号
```

```
''
```

```
data_str2
```

```
''
```

```
data_str3
```

```
''
```

```
data_integer = 123          # 整型数据
data_str4 = str(data_integer)   # 强制类型转换
data_str4                    # 显示的 123 由引号引起来，表示字符串类型
```

'123'

（2）查找子串：find() 方法和 index() 方法。find() 方法和 index() 方法都可以用于查找字符串中子串第一次出现的位置。如果没有找到子串，index() 方法返回 ValueError 错误，find() 方法返回 -1。

find() 方法的语法格式如下：

```
str.find(sub[, start[, end]])
```

find() 方法包含三个参数：sub 是需要查找的子串，start 和 end 分别表示查找操作的开始位置和结束位置，它们都是可选参数。start 默认为 0，end 默认为 length-1，length 是字符串 str 的长度。如果在字符串 str 中的 str[start:end] 范围内没有找到子串 sub，find() 方法将会返回 -1。

index() 方法的语法格式如下：

```
str.index(sub[, start[, end]])
```

index() 方法包含三个参数：sub 是需要查找的子串，start 和 end 分别表示查找操作的开始位置和结束位置，它们都是可选参数。如果在字符串 str 中的 str[start:end] 范围内没有找到子串 sub，index() 方法将会返回 ValueError 错误。查找子串的示例代码及其运行结果如下：

```
data_string=''' 二十大的主题是：高举中国特色社会主义伟大旗帜，
全面贯彻新时代中国特色社会主义思想，弘扬伟大建党精神，
自信自强、守正创新，踔厉奋发、勇毅前行，
为全面建设社会主义现代化国家、全面推进中华民族伟大复兴而团结奋斗。'''
# 可以用三个单引号来表示一段字符串，可以记录里面的回车，符号为 \n
data_string
```

' 二十大的主题是：高举中国特色社会主义伟大旗帜，\n 全面贯彻新时代中国特色社会主义思想，弘扬伟大建党精神，\n 自信自强、守正创新，踔厉奋发、勇毅前行，\n 为全面建设社会主义现代化国家、全面推进中华民族伟大复兴而团结奋斗。'

```
str_find1=data_string.find(' 二十大 ',0,len(data_string))
# 查找"二十大"，范围借助 len() 函数表示从 0 开头到字符串最后
print(" 所查找的子串下标索引位置为：{}".format(str_find1))
# 返回第一个字符的下标序号
```

所查找的子串下标索引位置为：0

```
str_find2=data_string.find(' 现代化 ',0,85)
# 另外可以通过范围来查找，注意这个范围是 [0,88)，且范围包括半个子串即可
print(" 所查找的子串下标索引位置为：{}".format(str_find2))
# 返回 82 为子串开始的位置
```

所查找的子串下标索引位置为：82

```
str_find3=data_string.find(' 建设 ',0,3)
# 如果没有找到，那么 find() 返回 -1
print(" 所查找的子串下标索引位置为：{}".format(str_find3))
```

所查找的子串下标索引位置为：-1

```
str_index=data_string.index(' 建设 ',0,3)
```

ValueError: substring not found

（3）替换子串：replace() 方法。在字符串中用 replace() 方法可以用新字符串来替换子串，产生一个新字符串，原来的字符串不变，语法格式如下：

```
str.replace(old, new[, max])
```

replace() 方法包含三个参数：old 表示将被替换的子串；new 表示新字符串，用于替

换 old 子串；max 表示可选字符串，替换不超过 max 次，如果省略了，则表示全部替换。因字符过多，示例代码及运行结果用图来表示，如图 2-1 所示。

```
data_python="""
The Zen of Python, by Tim Peters

Beautiful is better than ugly.
Explicit is better than implicit.
Simple is better than complex.
Complex is better than complicated.
Flat is better than nested.
Sparse is better than dense.
...
"""
```

```
data_python.replace("is","IS",3) #将is替换为IS，替换3次，产生新字符串
```

'\nThe Zen of Python, by Tim Peters\n\nBeautiful IS better than ugly.\nExplicit IS better than implicit.\nSimple IS better than complex.\nComplex is better than complicated.\nFlat is better than nested.\nSparse is better than dense.\n...\n'

```
data_python.replace("is","IS") #将is替换为IS，全部替换，产生新字符串
```

'\nThe Zen of Python, by Tim Peters\n\nBeautiful IS better than ugly.\nExplicit IS better than implicit.\nSimple IS better than complex.\nComplex IS better than complicated.\nFlat IS better than nested.\nSparse IS better than dense.\n...\n'

```
data_python #原字符串没有变
```

'\nThe Zen of Python, by Tim Peters\n\nBeautiful is better than ugly.\nExplicit is better than implicit.\nSimple is better than complex.\nComplex is better than complicated.\nFlat is better than nested.\nSparse is better than dense.\n...\n'

图 2-1　替换子串

（4）字符串连接："+"。字符串连接符可以将两个或者多个字符串连接起来，只要是字符串类型数据就可以。字符串连接示例代码及运行结果如下：

```
data_str1="Life is short，you need Python。"
data_str2=" 人生苦短，我用 Python。"
data_str3="Python 开发领域流传一句话："+data_str1+data_str2
data_str3              # 字符串连接后输出情况
```

'Python 开发领域流传一句话：Life is short，you need Python。人生苦短，我用 Python。'

（5）字符串比较："=="或"!="。字符串比较就是比较两个字符串是否相同，这里返回的是一个布尔值，True 或者 False。接下来以比较在编程输入中常见的错误——不区分中英文逗号为案例。其实两个逗号不是一样的，类似的叹号等也是，Python 中的语法关键字、保留字等都是需要在英文环境下输入的字符，在中英文切换的时候时常会犯这样错误引起程序不能顺利运行。示例代码及运行结果如下：

```
data_comma1="， "          # 中文逗号
data_comma2=","           # 英文逗号
data_comma1==data_comma2
# 比较两个字符串是否相同，返回逻辑值
```

False

```
data_comma1!=data_comma2
# 比较两个字符串是否不同，返回逻辑值
```

True

列表的方法

2.3.2 列表的方法

列表在进行 Python 结构化程序设计时具备非常好的数据结构特点，因为其内部元素具有多样性，所以具备胜任处理大部分数据的能力，甚至可以从数据操作的角度来理解，列表可以实现增删改查等操作。常见的操作方法包括：创建空列表、添加元素、扩展列表、删除元素、修改元素、元素计数、返回下标、元素排序等。

（1）创建空列表。列表英文为 list，在 Python 中就用 list() 函数创建列表，如果里面没有元素，就是空列表，当然也可以用没有放置元素的方括号"[]"来创建。很多程序中，预定义变量是常见的，使用之前应心中有规划，逻辑清晰，便于介绍清楚程序的意图。创建空列表的示例代码如下：

```
data_list1 =list()          # list() 创建空列表
data_list2=[]               # [] 创建空列表
data_list1,data_list2       # 可以看到都是空列表
```

代码运行结果如下：

([], [])

（2）添加元素。通过 append() 方法，可以依次向空列表中添加元素，也可以依次向已有列表中添加元素。示例代码如下：

```
data_list2=[]               # 创建空列表
for i in "4567":            # 遍历字符串
    data_list2.append(i)    # 依次添加元素
print(data_list2)
```

代码运行结果如下：

['4', '5', '6', '7']

（3）扩展列表。用 extend() 方法扩展列表与用 append() 方法添加元素不同，其是将后一个列表中的元素都追加到前一个列表中，也就是更新了被扩展的列表，示例代码如下：

```
# 定义两个列表进行扩展操作
data_list1=[9, 8, 7, '0', '1', '2', '3']
data_list2=['4', '5', '6', '7']
# 进行列表的扩展操作
data_list1.extend(data_list2)
print(data_list1,"\n",data_list2)
```

代码运行结果如下：

[9, 8, 7, '0', '1', '2', '3', '4', '5', '6', '7']
['4', '5', '6', '7']

（4）删除元素。可以通过 remove() 方法删除列表中某个元素，示例代码如下：

```
# 定义一个列表进行删除元素操作
data_list1=[9, 8, 7, '0', '1', '2', '3']
data_list1.remove("0")
print(data_list1)
```

代码运行结果如下：

[9, 8, 7, '1', '2', '3']

（5）修改元素。Python 提供了两种修改列表元素的方法，可以每次修改单个元素，也可以每次修改一组元素。对单个元素进行修改，采用索引加赋值的操作，可以用正向序号或者负向序号定位，示例代码如下：

```
print(data_list1)          # 修改元素前的列表
data_list1[2]=-7           # 修改正向序号为 2 的元素
data_list1[-3]=-5          # 修改负向序号为 3 的元素
print(data_list1)          # 查看修改元素后的列表
```

代码运行结果如下：

[9, 8, 7, '0', '1', '2', '3', '5', '6', '7']

[9, 8, -7, '0', '1', '2', '3', -5, '6', '7']

要对多个元素进行修改，使用的方法是切片，在操作的过程中，可以不对步长数进行指定，这样不仅可以添加元素，还可以实现对原位置元素进行删除，最终新的列表元素与旧的列表元素个数相同。修改多个元素的示例代码如下：

```
print(data_list1)          # 修改元素前的列表
data_list1[1:5]=[1,2,3,4]  # 以切片方式修改元素，指定对序号为 1 ～ 4 的元素进行修改
print(data_list1)          # 查看修改元素后的列表
```

代码运行结果如下：

[9, 8, -7, '0', '1', '2', '3', -5, '6', '7']

[9, 1, 2, 3, 4, '2', '3', -5, '6', '7']

（6）元素计数。通过 count() 方法可以统计某个元素在列表中出现的次数，示例代码如下：

```
# 定义一个列表进行元素计数操作
data_list1=['3',9, 8, 7, '0', '1', '2', '3','3','3']
# 计数元素 '3' 在列表中出现的次数
print(" 元素 '3' 在 data_list1 中出现的次数为 {} 次。".format(data_list1.count('3')))
```

代码运行结果如下：

元素 '3' 在 data_list1 中出现的次数为 4 次。

（7）返回下标。通过 index() 方法可以对列表中某个元素进行检索，返回元素的下标序号，示例代码如下：

```
# 定义一个列表进行检索操作
data_list1=[9, 8, 7, '0', '1', '2','3']
# index() 是列表的一个方法，检索某个元素返回相应序号
print(" 元素 7 在 data_list1 中出现的序号为 {}。".format(data_list1.index(7)))
```

代码运行结果如下：

元素 7 在 data_list1 中出现的序号为 2。

（8）元素排序。通过 sort() 方法，对列表元素进行升序排列，但是要保证这些数据为相同类型，字符串型和整型数据就不能执行这个方法。元素排序的示例代码如下：

```
# 定义一个全是整型的列表
data_list2=[7,8,9,1,2,3,4,5,6,7]
data_list2.sort() # 升序排序
print(" 排序后的列表：",data_list2)
```

代码运行结果如下：

排序后的列表： [1, 2, 3, 4, 5, 6, 7, 7, 8, 9]

2.3.3　元组的方法

元组作为 Python 中的组合数据类型，与列表非常相似，只是元组的元素不能修改。元组数据类型的元素用逗号隔开，用圆括号"()"括起来。

元组的方法

（1）创建空元组。通过 tuple() 函数可以创建空元组，也可以用元组的表示符号——空的圆括号来创建。示例代码如下：

```
data_tuple1 =tuple()           # tuple() 创建空元组
data_tuple2=()                 # () 创建空元组
print('data_tuple1,data_tuple2 分别表示的是：',data_tuple1,data_tuple2)      # 可以看到都是空元组
```

代码运行结果如下：

data_tuple1,data_tuple2 分别表示的是： () ()

（2）元素计数。通过 count() 方法可以统计某个元素在元组中出现的次数，示例代码如下：

```
# 定义一个元组进行元素计数操作
data_tuple=('3',9, 8, 7, '0', '1', '2', '3','3','3')
# 计数元素 '3' 在元组中出现的次数
print(" 元素 '3' 在 data_tuple 中出现的次数为 {} 次。".format(data_tuple.count('3')))
```

代码运行结果如下：

元素 '3' 在 data_tuple 中出现的次数为 4 次。

（3）返回下标。通过 index() 方法可以返回元组中某个元素的下标序号，示例代码如下：

```
# 定义一个元组进行检索操作
data_tuple2=(9, 8, 7, '0', '1', '2','3')
# index() 是列表的一个方法，检索某个元素返回相应序号
print(" 元素 7 在 data_tuple2 中出现的序号为 {}。".format(data_tuple2.index(7)))
```

代码运行结果如下：

元素 7 在 data_tuple2 中出现的序号为 2。

（4）元组连接。两个元组可以连接在一起成为一个新的元组，这里用连接符"+"来实现，字符串和列表也可以通过同样的方法进行元素连接。元组连接的示例代码如下：

```
# 定义两个元组进行检索操作
data_tuple1=('3',9, 8, 7, '0', '1', '2', '3','3','3')
data_tuple2=(9, 8, 7, '0', '1', '2','3')
# 用 "+" 可以连接两个元组
data_tuple3=data_tuple1+data_tuple2
print(" 将 data_tuple1 和 data_tuple2 连接后的元组为 :{}".format(data_tuple3))
```

代码运行结果如下：

将 data_tuple1 和 data_tuple2 连接后的元组为 :('3', 9, 8, 7, '0', '1', '2', '3', '3', '3', 9, 8, 7, '0', '1', '2', '3')

集合的方法

2.3.4　集合的方法

集合类似数学中的集合概念，是一个无序不重复的集，它的一个主要作用就是去重，因为集合中不能有重复的元素，其他的操作与列表相似。集合中的元素用逗号隔开，用花括号括起来。这里需要注意字典类型也是用花括号括起来，只是里面是键值对中间是冒号，然后用逗号隔开。

（1）创建空集合。创建集合可以使用 {} 或 set() 函数，但是如果要创建空集合，就只能使用 set() 函数，因为 {} 用于创建空字典。创建空集合的示例代码如下：

```
data_set1 =set()            # set() 创建空集合
data_set2={}                # 创建空字典
print(type(data_set1),type(data_set2))
print('data_set1,data_set2 分别表示的是：',data_set1,data_set2)      # 空集合和空字典
```

代码运行结果如下：

<class 'set'> <class 'dict'>
data_set1,data_set2 分别表示的是：set() {}

（2）添加元素。给集合中添加元素可以使用 add() 方法，此处只能给集合中增加一个元素，且这个元素不能与集合中已有元素重复。添加元素的示例代码如下：

```
# 方法 add()：新增一个不可变数据到集合里
data_set1={'3',9, 8, 7, '0', '1', '2', '3','3','3'}
# 元素 '3' 在集合中出现的次数太多了
print("data_set1 为 {}。".format(data_set1))
# 输出 data_set1 的值
data_set1.add(3)         # 添加数字 3 到集合中
data_set1.add("3")       # 添加字母 "3" 到集合中
# 只能用 add() 添加一个元素，可以看到有重复的元素时只留下一个
print("data_set1 为 {}。".format(data_set1))
# 输出 data_set1 的值，因为字母 "3" 在集合中重复了，所以只有数字 3 添加成功
```

代码运行结果如下：

data_set1 为 {'2', '3', '1', 7, 8, 9, '0'}。
data_set1 为 {'2', '3', 3, '1', 7, 8, 9, '0'}。

（3）删除集合或元素。用 del 命令可以直接删除整个集合，不能单独删除某个元素或者通过索引删除某个元素，示例代码如下：

```
data_set3 = {' 文明 ',123,(1,2,3)} # 创建集合
print(data_set3)                # 输出集合
del data_set3                   # 删除集合
print(data_set3)                # 输出集合
# 运行结果：出现 NameError, 说明删除成功
```

代码运行结果如下：

{123, (1, 2, 3), ' 文明 '}

NameError   Traceback (most recent call last)
~\AppData\Local\Temp\ipykernel_14512\3875789631.py in <module>
**   3 print(data_set3)   # 输出集合**
**   4 del data_set3   # 删除集合**

```
----> 5 print(data_set3)              #输出集合
      6 # 运行结果：出现 NameError, 说明删除成功。
```

NameError: name 'data_set3' is not defined

在集合中删除元素可以分为两种，一种是随机删除集合中的某个元素，用 pop() 方法；另一种是删除指定的某个元素，用 remove() 方法和 discard() 方法。用 pop() 方法在集合中随机删除元素的示例代码如下：

```
# 方法 pop()：随机删除一个元素。
data_set3 = {'发展','坚持','建设','人民','中国'}
data_set3.pop()
# 随机删除一个元素
print(data_set3)
data_set3.pop()
# 随机删除一个元素
print(data_set3)
```

代码运行结果如下：

{'建设','坚持','人民','发展'}

{'坚持','人民','发展'}

用 remove() 方法移除指定元素时，若元素不存在，则会报错；用 discard() 方法时，若元素不存在，则不会报错。用 remove() 方法在集合中删除指定元素的示例代码如下：

```
# 方法 remove()：移除指定元素。当移除元素不存在时会报错
data_set4 = {'发展','坚持','建设','人民','中国'}
data_set4.remove('建设')
print(data_set4)
data_set4.remove('民主')
```

代码运行结果如下：

{'中国','坚持','人民','发展'}

```
-------------------------------------------------------------------------
KeyError                    Traceback (most recent call last)
~\AppData\Local\Temp\ipykernel_14512\992787932.py in <module>
    3 data_set4.remove('建设')
    4 print(data_set4)
----> 5 data_set4.remove('民主')
```

KeyError: '民主'

用 discard() 方法在集合中删除指定元素的示例代码如下：

```
# discard() 方法：移除指定元素。当移除元素不存在时不报错，也不改变原集合
data_set5 = {'发展','坚持','建设','人民','中国'}
data_set5.discard('民主')
print(data_set5)
```

代码运行结果如下：

{'中国','坚持','建设','人民','发展'}

（4）修改元素。集合是一个无序且元素不重复的序列，不能够直接修改元素。也就是

说集合元素没有索引，不能够通过方括号切片的方式来获取值并且对其进行操作。那么要修改集合元素的话，就只能够将其转为列表类型再使用相对应的方法了。虽然集合是无序的，但是它与列表之间的差异也就在于有没有索引而已，调用 list() 函数能够将任意的集合直接转为列表类型。

转为列表类型之后，就可以使用索引切片以及其他列表的方法来修改元素值了。最后将修改好的列表对象重新转为集合类型就完成集合元素的修改了，示例代码如下：

```python
# 因为集合为一个无序且元素不重复的序列，所以不能直接修改元素
data_set6 = {0,1,2,3,4,5}        # 新建集合
print(data_set6)
list1 = list(data_set6)          # 转换成列表
print(list1)
list1[0] = 99                    # 修改某个元素
print(list1)
data_set6 = set(list1)           # 转换成集合
print(data_set6)
```

代码运行结果如下：

{0, 1, 2, 3, 4, 5}

[0, 1, 2, 3, 4, 5]

[99, 1, 2, 3, 4, 5]

{1, 2, 3, 99, 4, 5}

（5）遍历集合。集合不能通过键值对的方式进行查询，同时也是无序没有下标的，所以不能查询，只能遍历。可以用 for 循环也可以用迭代器遍历，示例代码如下：

```python
data_set6 = {0,1,2,3,4,5}
for i in data_set6:
    print(i,end=",")
print()
print(" 通过迭代器访问： ",end="\n")
# 通过迭代器访问
its=iter(data_set6)        # 生成迭代器
print(next(its))           # 通过 next() 进行访问
# 或者通过 for in 进行遍历迭代器
for i in its:
    print(i,end=";")
# 不可变集合和可变集合是一样的遍历操作
```

代码运行结果如下：

0,1,2,3,4,5,

通过迭代器访问：

0

1;2;3;4;5;

2.3.5　字典的方法

字典是另一种可变容器模型，且可存储任意类型对象，如字符串、数值、元组等其他容器模型。字典的每个键值对用冒号 ":" 分割，每个对之间用逗号 "," 分割，整个字典包括在花括号 "{}" 中，字典值可以是任何的 Python 对象，既可以是标准的对象，也可以是用户定义的对象。值得注意的是，字典中不允许同一个键出现两次。创建时如果同一

个键被赋值两次，则前一个值会被覆盖。键不可变，所以可以用数值、字符串或元组充当，但不能用列表充当。

（1）创建字典。空集合可以用花括号"{}"来创建，也可以用 dict() 函数来创建。在创建一个字典的时，键值对是对应的，键必须是唯一的，但值可以重复。值可以取任何数据类型，但键必须是不可变的，如字符串、数值或元组。示例代码如下：

```
# 创建一个字典用以存储信息
data_dict1 = {"name": " 张三 ", "age": 23}
# 创建一个空字典
data_dict2 = {}
data_dict3 = dict()
# 输出三个字典
print(data_dict1,data_dict2,data_dict3,sep="\n")
```

代码运行结果如下：

```
{'name': ' 张三 ', 'age': 23}
{}
{}
```

（2）添加元素。修改、增加字典里的值或者向字典增加新的键值对，都是采用键名索引的方式定位到某个键值对，若键值对已经存在，则对值进行修改，如果键值对不存在，则进行添加。示例代码如下：

```
# 创建字典
data_dict1 = {"name": " 张三 ", "age": 23}
print(data_dict1)
# 修改已有 name 键对应的值
data_dict1["name"] = " 李四 "
# 增加 sex 键值对
data_dict1["sex"] = " 男 "
print(data_dict1)
```

代码运行结果如下：

```
{'name': ' 张三 ', 'age': 23}
{'name': ' 李四 ', 'age': 23, 'sex': ' 男 '}
```

（3）删除和清空。利用 del 命令能删除单一的元素或者字典，利用 clear() 方法能清空字典。示例代码如下：

```
# 创建字典
data_dict1 = {"name": " 张三 ", "age": 23}
print(data_dict1)
# 删除 name 键
del data_dict1["name"]
print(data_dict1)
# 清空字典
data_dict1.clear()
print(data_dict1)
# 删除字典
del(data_dict1)
# 删除的字典，不能输出，会提示 NameError
print(data_dict1)
```

代码运行结果如下：

{'name': ' 张三 ', 'age': 23}
{'age': 23}
{}
NameError: name 'data_dict1' is not defined

（4）访问字典。因为字典存储的数据是无序的，所以它没有索引，那么怎么去获取元素呢？可以把相应的键放入方括号中，如果用字典里没有的键访问数据，会输出错误。示例代码如下：

```python
# 创建字典
data_dict1 = {"name": " 张三 ", "age": 23}
print(data_dict1)
# 访问字典
print(data_dict1["name"],data_dict1["age"])
# 访问字典中不存在的键值对，会提示 KeyError
print(data_dict1["sex"])
```

代码运行结果如下：

{'name': ' 张三 ', 'age': 23}
张三 23
KeyError: 'sex'

2.4　内置函数、内置模块与自定义函数

2.4.1　内置函数

内置函数、内置模
块与自定义函数

Python 编程语言设计好了基本功能，若要解决实际中的问题，则需要编写程序。Python 编程的精髓之一就是不用重复制作"轮子"，Python 为我们提供了更好的解决方案——内置函数。简单来讲，内置函数就是 Python 为我们提供的一些可以随时取用的方法。Python 中的内置函数有哪些呢？可以在 Python 控制台中输入"dir(__builtins__)"或者"dir(__builtin__)"来查看 Python 提供的内置函数、异常等，此处 bulitin 作为名词，有内置命令、内置、内建、内建指令、内键指令的意思，需要注意的是 builtins 或者 builtin 左右的下划线都是两个。为了方便查看内置函数的个数，可将其放到列表变量里。示例代码如下：

```python
# 查看 Python 版本信息
import sys
print(" 当前 Python 版本信息：{}".format(sys.version))
# dir(__builtins__) 或者 dir(__builtin__)：查看 Python 内置函数
list1=dir(__builtin__)
print(" 内置函数共有 {} 个。".format(len(list1)))
dir(__builtins__)    # 可以显示所有内置函数
```

代码运行结果如下所示。

当前 Python 版本信息：3.10.7 (tags/v3.10.7:6cc6b13, Sep 5 2022, 14:08:36) [MSC v.1933 64 bit (AMD64)]
内置函数共 156 个。
['ArithmeticError',
'AssertionError',
'AttributeError',

运行结果中因函数太多，此处只列出前 3 个，其他内置函数详情可以上机操作进行查看。

Python 是一种广泛使用的编程语言，被广泛应用于数据分析和人工智能等领域。Python 内置了许多常用的函数，以下是一些常见的 Python 内置函数。

（1）数学函数。

● abs() 函数：返回一个数的绝对值。

● pow() 函数：返回一个数的幂次方值。

● round() 函数：返回一个数的四舍五入值。

在 Python 中，round() 函数用于对浮点数进行四舍五入。它接受两个参数：需要四舍五入的数字以及小数点后要保留的位数。示例代码如下：

```
# round() 函数的约舍规则
num = 1.23456
print(round(num, 2))
1.23
```

在这个例子中，将数字 1.23456 四舍五入到了小数点后两位。注意，当四舍五入到一个整数时（即小数部分为 0.5），round() 函数的行为可能会有所不同，因为在遇到 "tie-breaking" 的情况下，它会向最接近的偶数舍入。这被称为银行家舍入，这样做是为了在大量运算中减少累积的舍入误差。

（2）字符串函数。

● len() 函数：返回一个字符串的长度。

● str() 函数：将一个对象转换为字符串。

● upper() 函数：返回一个字符串的大写形式。

2.4.2　高级函数

Python 中有许多高级函数，这些函数可以帮助程序员更高效地编写代码。以下是一些常见的高级函数。

（1）map() 函数。map() 函数用于对一个可迭代对象中的每个元素应用一个函数，返回一个新的可迭代对象，示例代码如下：

```
# 将列表中的每个元素进行平方运算
a = [1, 2, 3, 4, 5]
b = list(map(lambda x: x ** 2, a))
print(b)
```

代码运行结果如下：

```
[1, 4, 9, 16, 25]
```

（2）reduce() 函数。reduce() 函数用于对一个可迭代对象中的元素进行累积计算，返回一个单一的值，示例代码如下：

```
# 计算列表中所有元素的乘积
from functools import reduce
a = [1, 2, 3, 4, 5]
b = reduce(lambda x, y: x * y, a)
print(b)
```

代码运行结果如下：

120

（3）zip() 函数。zip() 函数用于将多个可迭代对象中的元素一一对应地合并成一个元组，并返回一个新的可迭代对象，示例代码如下：

```python
# 将两个列表按元素一一对应地合并
a = [1, 2, 3]
b = ['one', 'two', 'three']
c = list(zip(a, b))
print(c)
```

代码运行结果如下：

[(1, 'one'), (2, 'two'), (3, 'three')]

（4）enumerate() 函数。enumerate() 函数用于将一个可迭代对象中的元素与其索引一一对应地合并成一个元组，并返回一个新的可迭代对象，示例代码如下：

```python
# 列举列表中所有元素和它们的索引
a = [1, 2, 3, 4, 5]
b = list(enumerate(a))
print(b)
```

代码运行结果如下：

[(0, 1), (1, 2), (2, 3), (3, 4), (4, 5)]

（5）filter() 函数。filter() 函数是 Python 中内置的一个高阶函数，用于筛选出符合指定条件的元素并返回一个新的迭代器。该函数需要两个参数：一个参数是一个函数，用于指定筛选条件；另一个参数是一个可迭代对象，用于指定要筛选的数据。下面是一个简单的例子，演示如何使用 filter() 函数筛选出列表中所有的偶数，代码如下：

```python
# 筛选出符合指定条件的元素并返回一个新的迭代器
my_list = [1, 2, 3, 4, 5, 6, 7, 8, 9, 10]
def is_even(num):
    return num % 2 == 0
filtered_list = list(filter(is_even, my_list))
print(filtered_list)
```

代码运行结果如下：

[2, 4, 6, 8, 10]

在上面的例子中，首先定义了一个列表 my_list，包含了 1 ~ 10 的整数。然后，定义了一个函数 is_even()，用于判断一个数是否为偶数。接着，使用 filter() 函数将 is_even() 函数作为参数传入，并指定要筛选的数据为 my_list。最后，将筛选出来的结果转换为列表并打印输出。

除了使用自定义的函数作为筛选条件外，还可以使用 lambda() 函数来定义筛选条件。下面是一个使用 lambda() 函数筛选出字符串列表中所有长度大于或等于 5 的字符串的例子：

```python
# filter() 函数和 lambda() 函数一起使用
my_list = ["apple", "banana", "cherry", "date", "elderberry"]
filtered_list = list(filter(lambda x: len(x) >= 5, my_list))
print(filtered_list)
```

代码运行结果如下：

```
["apple", "banana", "cherry", "elderberry"]
```

在上面的例子中，使用 lambda() 函数 lambda x: len(x) >= 5 作为筛选条件，该表达式表示字符串的长度大于或等于 5。然后，将该 lambda() 函数作为参数传入 filter() 函数中，并指定要筛选的数据为 my_list。最后，将筛选出来的结果转换为列表并打印输出。

这些高级函数可以帮助程序员更高效地编写代码，简化代码的逻辑，提高代码的可读性和可维护性。以上函数只是 Python 内置函数的一小部分。还有一个重要的函数是 help() 函数，Python 中的 help() 函数可以用来获取函数或模块的文档字符串。文档字符串是一段用三个引号括起来的字符串，用于描述函数或模块的功能和用法。

2.4.3　help() 函数

help() 函数可以用来快速查看函数或模块的文档，示例代码如下：

```
# 查看 abs 函数的文档
help(abs)
```

通过这些信息可以很好地理解 Python 中的函数或者模块信息，读者可以仔细阅读，因运行结果内容太多，此处只显示代码运行结果的前几行：

```
Help on built-in function abs in module builtins:

abs(x, /)
    Return the absolute value of the argument.
Help on class list in module builtins:
class list(object)
...
```

查看内置模块的帮助信息之前，需要先导入模块，模块可以理解为比函数功能更加综合和强大的功能组合，示例代码如下：

```
# 查看 math 模块的文档
# 先导入内置模块
import math
help(math)
```

因运行结果内容太多，此处只显示代码运行结果前几行：

```
Help on built-in module math:

NAME
    math
DESCRIPTION
    This module provides access to the mathematical functions
    defined by the C standard.
FUNCTIONS
    acos(x, /)
        Return the arc cosine (measured in radians) of x.
...
```

使用 help() 函数可以帮助程序员更好地理解 Python 中各种函数和模块的用法和功能。

2.4.4　内置函数与内置模块的区别

内置函数和内置模块有什么区别呢？

内置函数是在 Python 解释器启动时就已经加载到内存中的，因此可以直接在程序中使用，而无需导入任何模块，且不需要任何额外的安装或配置。Python 中的内置模块是指一些常用的、与 Python 语言本身不那么密切相关的模块，例如 os、sys、math 等。这些模块提供了很多有用的函数和类，可以帮助程序员更方便地编写代码。内置模块也是在 Python 解释器启动时就已经加载到内存中的，但是需要通过 import 语句导入才能使用。内置模块通常需要根据需要进行安装或配置，内置模块也称为 Python 标准库，需要额外安装的叫外置模块或者扩展库。

在 Python 中，内置函数和内置模块在使用时的区别总结如下：

（1）内置函数可以直接使用，无需导入模块。

（2）内置模块需要通过 import 语句导入才能使用。

（3）内置函数通常是与 Python 语言本身密切相关的函数，而内置模块则提供了一些更加通用的功能，例如文件操作、系统调用、数学计算等。

内置函数和内置模块都可以在 Python 的官方文档中查找到其详细的使用方法和文档说明。

总之，内置函数和内置模块都是 Python 中非常重要的一部分，它们为程序员提供了很多便利，可以大大提高编写程序的效率。

2.4.5　常用的内置模块

Python 常用的内置模块举例如下：

（1）os：提供了许多与操作系统交互的函数，例如文件操作、目录操作、环境变量等。

（2）sys：提供了一些与 Python 解释器交互的函数，例如获取命令行参数、获取 Python 解释器的版本信息等。

（3）math：提供了一些与数学计算相关的函数，例如三角函数、对数函数、指数函数等。

（4）random：提供了一些与随机数生成相关的函数，例如生成随机整数函数、生成随机浮点数函数等。

（5）datetime：提供了一些与日期和时间处理相关的函数，例如获取当前日期和时间函数、格式化日期和时间函数等。

这些内置模块都是 Python 语言本身提供的，因此可以直接在程序中使用，而无须安装任何第三方库。

2.4.6　自定义函数

当 Python 内置函数和内置模块都不能满足功能要求的时候，可以使用自定义函数来实现独特的功能。在 Python 中，自定义函数可以帮助程序员更好地组织代码逻辑，实现代码复用，提高代码的可读性和可维护性。下面将详细举例说明 Python 自定义函数的用法。

1. 定义函数

使用 def 关键字定义函数，语法格式如下：

```
def function_name(parameters):
    # 函数体
    return value
```

其中 function_name 为函数名；parameters 为函数的参数列表，用逗号分隔。函数的主体由缩进的语句块组成，可以包含任意数量的语句。函数可以使用 return 语句返回值，也可以省略 return 语句，此时函数返回 None。

下面是一个简单函数的示例代码：

```
def hello(name):
    return " 你好！ " + name + "，欢迎使用 Python 进行数据分析 !"
```

这个函数接收一个字符串参数 name，返回一个包含问候语的字符串。

2. 调用函数

定义函数后，可以通过函数名调用函数，语法格式如下：

```
result = function_name(arguments)
```

其中 arguments 为函数的实参列表，多个参数用逗号分隔。函数的返回值将赋值给变量 result。

下面是一个调用函数的示例代码：

```
result = hello(" 张三 ")
print(result)
```

代码运行结果如下：

你好！张三，欢迎使用 Python 进行数据分析！

这个示例调用了 hello() 函数，并传递了一个字符串参数 " 张三 "。hello() 函数返回一个包含问候语的字符串，该字符串被赋值给变量 result，然后被输出显示出来。

3. 默认参数

函数可以有默认参数，这些参数在函数调用时可以省略。默认参数通常在参数列表的末尾。

下面是一个带有默认参数的函数的示例代码：

```
def hello(name, language="Chinese"):
    if language == "Chinese":
        return " 你好 , " + name + "!"
    elif language == "English":
        return "Hello, " + name + "!"
    elif language == "French":
        return "Bonjour, " + name + "!"
    else:
        return "Unknown language!"
# 调用默认参数
result = hello(" 李四 ")
print(result)
# 修改参数
result = hello(" 王五 ", "French")
print(result)
```

代码运行结果如下：

你好, 李四！

Bonjour, 王五！

这个示例定义了一个带有默认参数 language 的 hello() 函数。如果不提供 language 参数，将默认为 "Chinese"。hello() 函数根据提供的语言返回不同的问候语。在第一个调用中，只传递了一个参数 " 李四 "，因此 language 参数使用默认值。在第二个调用中，传递了两个参数 " 王五 " 和 "French"，因此 language 参数使用传递的值。

4. 可变参数

当参数的个数不确定时，函数可以有可变数量的参数，这些参数在函数定义中用 *args 表示。这些参数将作为元组传递给函数。

下面是一个带有可变参数的函数的示例代码：

```
# 定义一个可变数量的参数
def my_sum(*args):
    return sum(args)
# 调用自定义函数
result = my_sum(1, 2, 3, 4, 5)
print(result)
```

代码运行结果如下：

15

这个示例定义了一个带有可变参数 *args 的 my_sum() 函数。my_sum() 函数接收任意数量的参数，并返回它们的总和。在调用 my_sum() 函数时，传递了五个参数，因此这些参数被作为元组 (1, 2, 3, 4, 5) 传递给函数。

5. 关键字参数

函数可以有关键字参数，这些参数在函数定义中用 **kwargs 表示。这些参数将作为字典传递给函数。

下面是一个带有关键字参数的函数的示例代码：

```
# 带有关键字参数的函数
def print_person_info(name, **kwargs):
    print("Name:", name)
    for key, value in kwargs.items():
        print(key.title() + ":", value)

print_person_info(" 张三 ", age=25, city=" 延安 ")
```

代码运行结果如下：

Name: 张三

Age: 25

City: 延安

这个示例定义了一个带有关键字参数 **kwargs 的 print_person_info() 函数。print_person_info() 函数接收一个必需参数 name，以及任意数量的关键字参数。在函数内部，首先输出显示必需参数 name，然后使用循环打印所有的关键字参数及其值。在调用 print_person_info() 函数时，传递了三个参数：必需参数 " 张三 " 和两个关键字参数 "age" 和

"city"。这些参数被作为字典 {"age": 25, "city": " 延安 "} 传递给函数。

若自定义函数只使用一次或者写到语句中，则可以使用 lambda() 函数，lambda() 函数是一种匿名函数，它可以接受任意数量的参数，并返回一个表达式的结果。lambda() 函数可以用于简化代码和定义一些简单的函数。lambda() 函数的标准语法格式如下：

```
lambda arguments: expression
```

其中 arguments 为 lambda() 函数的参数列表，用逗号分隔；expression 为 lambda() 函数的表达式，函数返回该表达式的结果。匿名函数 lambda() 非常简洁，可以这样记忆：lambda 参数冒号表达式。

下面是一个 lambda() 函数的示例代码：

```python
# 匿名函数的简洁示例
my_lambda = lambda x, y: x**2 + y
result = my_lambda(3, 2)
print(result)
```

这个示例定义了一个 lambda() 函数 my_lambda()，它接受两个参数 x 和 y，并返回前一个参数的平方加上后一个参数的结果。lambda() 函数和高级函数一起使用会实现很复杂的操作，但是语句很简洁。

总之，自定义函数是 Python 编程中非常重要的一部分，它可以帮助程序员更好地组织代码逻辑，实现代码复用，提高代码的可读性和可维护性。我们可以使用默认参数、可变参数、关键字参数和 lambda() 函数等功能来定义更加灵活和高效的函数。

2.5　类 和 对 象

当解决的问题是一个系统问题的时候，结构化程序设计就无法很好地完成任务，此时函数的模块化思想就被扩展了，可采用面向对象的编程思想，引入类与对象的概念，进行系统化的程序开发设计。

2.5.1　类和对象的概念

（1）类。类是对一群具有相同特征或行为的事物的一个统称，是抽象的，不能直接使用，就像一个模板，是负责创建对象的。类中的特征被称为属性，行为被称为方法。

（2）对象。对象是由类创建出来的一个具体存在，可以直接使用。由哪一个类创建出来的对象，就拥有在哪一个类中定义的属性和方法。先有类，再有对象。

（3）类和对象的关系。类是模板，对象是根据类这个模板创建出来的。类只有一个，而对象可以有很多个。不同的对象之间的属性可能会各不相同，类中定义了什么属性和方法，对象中就有什么属性和方法。类名通常采用大驼峰命名法：如 CapWords。

类和对象

2.5.2　类和对象的使用

1. 定义类

定义类的语法格式如下：

```
class 类名：
    def 方法 1(self, 参数列表 )：
```

```
        pass
    def 方法 2(self, 参数列表 ):
        pass
```

```
对象变量 = 类名 ()
```

在类的封装内部，self 标识当前调用方法的对象自己。在方法内可以通过 self 访问对象的属性，或调用其他的对象方法。

2. 初始化方法

当使用"类名 ()"创建对象时，会自动执行以下操作：

（1）为对象在内存中分配空间——创建对象。

（2）为对象的属性设置初始值——初始化方法。

这个初始化方法就是 __init__，是对象的内置方法，专门用来定义一个类具有哪些属性的方法。

使用"类名 ()"创建对象时，会自动调用初始化方法，在初始化方法中设置初始值：

（1）把希望设置的属性值定义成 __init__ 方法的参数。

（2）在方法内使用如下代码格式接收外部传递的参数：

```
self. 属性 = 形参
```

（3）在创建对象时，使用"类名 (属性 1、属性 2)"调用。

3. 内置方法和属性

当使用"类名 ()"创建对象时，为对象分配完空间后，自动调用 __init__ 方法。当一个对象被从内存中销毁前，会自动调用 __del__ 方法。应用场景如下：

（1）__init__：初始化方法，可以让创建对象更灵活。

（2）__del__：如果希望对象在被销毁前再做一些事情，可以使用 __del__ 方法。

内置方法和属性的生命周期：一个对象由调用"类名 ()"创建代表生命周期开始；一个对象的 __del__ 方法一旦被调用代表生命周期结束。

在对象的生命周期内，可以访问对象属性或调用方法，用 del 命令可以删除一个对象，或在整个生命周期结束后被自动删除。

（3）__str__ 方法：返回对象描述信息。在 Python 中，使用 print() 函数输出对象变量，默认情况下会输出该变量（引用的对象）是由哪一个类创建的对象，以及在内存中的地址（十六进制）。如果在开发中，希望使用 print() 函数输出对象变量，能够打印自定义的内容，就可以利用 __str__ 方法，__str__ 方法必须返回一个字符串。

2.5.3　类和对象实例演示

类和对象是面向对象编程（Object Oriented Programming，OOP）的两个核心概念。在 Python 中，使用 class 关键字来定义一个类，而对象是类的实例。假设有一个"汽车"的例了。一个汽车有属性，比如颜色、品牌、型号、速度等，并且它也有行为，比如启动、加速、减速、停车等。可以使用类来定义这个概念，然后使用对象来代表具体的汽车。以下代码为在 Python 中定义一个汽车类：

```
class Car:
    def __init__(self, color, brand, model, speed):
```

```
        self.color = color
        self.brand = brand
        self.model = model
        self.speed = speed

    def start(self):
        print(f"The {self.color} {self.brand} {self.model} is starting...")

    def accelerate(self):
        self.speed += 5
        print(f"The {self.color} {self.brand} {self.model} is now going at {self.speed} km/h.")

    def decelerate(self):
        self.speed -= 5
        print(f"The {self.color} {self.brand} {self.model} is now going at {self.speed} km/h.")

    def stop(self):
        self.speed = 0
        print(f"The {self.color} {self.brand} {self.model} has stopped.")
```

在这个例子中，__init__ 方法是一个特殊的方法，它是一个构造函数，用于初始化新创建的对象的状态。当创建一个新的汽车对象时，需要提供颜色、品牌、型号和速度。接下来，创建四个方法：start、accelerate、decelerate 和 stop，分别对应汽车的启动、加速、减速和停止行为。现在可以使用这个类来创建一个具体的汽车对象，示例代码如下：

```
# 实例化对象也叫创建对象
my_car = Car('red', ' 红旗 ', 'E-HS9', 0)
```

在这个例子中，创建了一个红色的红旗 E-HS9 汽车，初始速度为 0。然后可以调用这个对象的方法来模拟汽车的行为示例代码如下：

```
# 调用对象的方法模拟汽车行为
my_car.start()
my_car.accelerate()
my_car.decelerate()
my_car.stop()
```

代码运行结果如下：

The red 红旗 E-HS9 is starting...
The red 红旗 E-HS9 is now going at 5 km/h.
The red 红旗 E-HS9 is now going at 0 km/h.
The red 红旗 E-HS9 has stopped.

Python 是一门面向对象的编程语言，因此它支持类和对象。类是一种用户自定义的数据类型，它定义了一组属性和方法，用于描述某一类对象的共同特征和行为。对象是类的实例，它具有该类定义的属性和方法。通过类和对象，我们可以更好地组织和管理程序代码，实现代码复用和模块化编程。面向对象编程的基本思想是将复杂的系统分解为一些相对独立的对象，对象之间通过消息传递进行通信和协作，从而实现系统的功能。面向对象编程具有很多优点，如代码的可读性、可维护性、可扩展性和可重用性高等。Python 中的类和对象是非常强大和灵活的，可以用于实现各种复杂的系统和应用程序。

2.6 读取数据文件

数据文件有很多种，进行数据分析的第一步就是要读取数据文件。Python 读取数据文件的方法有很多，以下列举几种常用的方法。

（1）使用 open() 函数打开文本文件后，可以使用 read() 方法读取整个文件，使用 readline() 方法逐行读取文件，或使用 readlines() 方法读取整个文件并返回一个列表，每个元素是文件的一行。这些方法适用于小型文本文件的读取，但是不适合大型数据文件的读取。示例代码如下：

```
# 打开文件
file = open('data.txt', 'r')
# 读取整个文件
data = file.read()
# 逐行读取文件
line = file.readline()
while line:
    print(line)
    line = file.readline()
# 读取整个文件并返回一个列表
lines = file.readlines()
for line in lines:
    print(line.strip()) # 使用 strip() 函数去除行尾的换行符
# 关闭文件
file.close()
```

（2）使用 Pandas 模块读取各种格式的数据文件，包括 CSV、Excel、SQL 数据库等。Pandas 提供了 read_csv()、read_excel()、read_sql() 等方法，可以快速方便地读取数据文件，并将其转换为 DataFrame 格式进行处理和分析。示例代码如下：

```
# 使用 Pandas 模块读取 CSV 文件
import pandas as pd
# 读取 CSV 文件
df = pd.read_csv('data.csv')
# 打印 DataFrame 的前 5 行
print(df.head())
```

（3）使用 Scipy 模块读取 MATLAB 格式的数据文件，可以使用 scipy.io.loadmat() 方法读取 MATLAB 格式的数据文件，将其转换为 Python 中的字典格式。示例代码如下：

```
# 使用 Scipy 模块读取 MATLAB 格式的数据文件：
import scipy.io as sio
# 读取 MATLAB 格式的数据义件
data = sio.loadmat('data.mat')
# 打印数据字典的前 5 个键值对
print(list(data.keys())[:5])
```

（4）使用 Numpy 模块读取二进制格式的数据文件，可以使用 numpy.fromfile() 方法从文件中读取二进制数据，并将其转换为 Numpy 数组格式。示例代码如下：

```
# 使用 Numpy 模块读取二进制格式的数据文件:
import numpy as np
# 从文件中读取二进制数据并转换为 Numpy 数组格式
data = np.fromfile('data.bin', dtype=np.float32)
# 打印数组的前 5 个元素
print(data[:5])
```

（5）使用 H5py 模块读取和写入 HDF5 格式的数据文件。H5py 提供了 File 和 Group 对象，可以像读写 Python 字典一样读写 HDF5 文件。示例代码如下：

```
# 使用 H5py 模块读取 HDF5 格式的数据文件:
import h5py
# 打开 HDF5 文件并读取数据
with h5py.File('data.h5', 'r') as f:
    data = f['/group/dataset'][:]
    print(data[:5])  # 打印数组的前 5 个元素
```

以上是 Python 读取数据文件的一些常用方法，具体的使用方法可以根据实际情况选择。其中，Pandas 是处理数据文件最常用的模块之一，可以快速地读取和处理各种格式的数据文件。

本 章 小 结

本章中 Python 的基础知识是进行数据分析时需要熟练掌握的，不能边用边查，其实 Python 中的内容还有很多，没有罗列出来，当有了使用场景或者想要深入学习 Python 的时候，可以查找资料，进行使用练习，整理到自己的学习资源库中，这会是个很好的学习方法。Python 的深层知识还有很多，比如序列解包、迭代器、装饰器等，Python 作为一种高级编程语言，涉及各个方面，随着扩展库的丰富，内容也越来越庞大，我们不可能全部搞懂以后再去解决问题。学习过程中先要有一个基本知识框架，在实践中不断丰富完善，增长技能，一旦有了疑问，应独立思考，解除了这些疑问以后，学习的速度也会快起来，这也就是古人所说的"知行合一"。认识事物过程中，边思考边实践，边实践边思考，不断遇到问题，解决问题，矛盾推动事物向前发展，达到最终深入认识客观世界的程度。切忌只想不做，或者只做不想，此所谓"学而不思则罔，思而不学则殆"。

希望读者看到这里，能在自己的学习过程中停下来喝一杯茶，让我们一同前行，"莫愁前路无知己，天下谁人不识君"。当你遇到问题的时候，会发现有很多志同道合的人在知识世界里也曾在此处驻足。

练 习　2

一、选择题

1．Python 中不能有重复元素的数据结构是（　　）。

    A．列表　 B．集合

    C．元组　 D．字典

2．Python 中不能改变其内部元素的数据结构是（　　）。

　　A．列表　　　　　　　　　　B．集合

　　C．元组　　　　　　　　　　D．字典

3．Python 中由键值对组成的数据结构是（　　）。

　　A．列表　　　　　　　　　　B．集合

　　C．元组　　　　　　　　　　D．字典

4．zip() 函数的使用方法是（　　）。

　　A．用于合并两个列表

　　B．用于将列表中的元素转换为字符串

　　C．用于对列表进行排序

　　D．以上都不是

5．filter() 函数的使用方法是（　　）。

　　A．用于过滤列表中的元素

　　B．用于对列表中的元素进行排序

　　C．用于将列表中的元素转换为字符串

　　D．以上都不是

6．map() 函数的使用方法是（　　）。

　　A．用于对列表中的元素进行排序

　　B．用于将列表中的元素转换为字符串

　　C．用于对列表中的元素应用某个函数

　　D．以上都不是

7．os 模块主要用于（　　）。

　　A．处理时间和日期　　　　　　B．处理文件和目录

　　C．处理网络通信数据致　　　　D．以上都不是

8．re 模块主要用于（　　）。

　　A．处理时间和日期　　　　　　B．处理正则表达式

　　C．处理网络通信　　　　　　　D．以上都不是

9．datetime 模块主要用于（　　）。

　　A．处理时间和日期　　　　　　B．处理文件和目录

　　C．处理网络通信　　　　　　　D．以上都不是

10．pickle 模块主要用于（　　）。

　　A．处理时间和日期　　　　　　B．处理文件和目录

　　C．处理网络通信　　　　　　　D．处理 Python 对象的序列化和反序列化

二、填空题

1．Python 中 lambda() 函数的标准语法格式：_____。

2．列表是一种 _____ 的数据结构，可以存储任意类型的元素。

3．元组是一种 _____ 的数据结构，可以存储任意类型的元素。

4．字典是一种 _____ 的数据结构，由键值对组成。

5．集合是一种 _____ 的数据结构，元素不可重复。

6．round() 函数的作用是 _____。

三、简答题

1．reduce() 函数的使用方法是什么？

2．enumerate() 函数的使用方法是什么？

3．Python 常用的数据类型有哪些？

4．用 Python 做一个实例，说明面向对象的编程思路是什么？

第 3 章　科学计算库 NumPy

本章导读

Python 中的数据类型比较丰富，但是在处理数组矩阵的时候不能得心应手，NumPy 库作为一个科学计算库，可以补充 Python 的这个缺陷。例如 Python 中用列表（list）保存一组数据，可以用来当作数组使用，但是由于列表的元素可以是任何对象，因此列表中保存的是对象的指针。这样的话，为了保存一个简单的列表，比如 [7,8,9]，需要三个指针和三个整数对象。对于数值运算来说，这种结构浪费内存和 CPU 计算资源。数据处理方面，Python 还提供了 array 模块，它所提供的 array 对象和列表不同，能直接保存数据，类似一维数组，但是不支持多维数组，没有各种运算函数，也不适合进行数据运算和处理。NumPy 的诞生弥补了这些不足，提供了两种基本对象：ndarray 和 ufunc，二者可以理解为数组和对数组操作的特殊函数。

本章要点

- NumPy 简介
- NumPy 中的对象
- Numpy 中数组的索引
- Numpy 中的统计函数
- Numpy 中的矩阵操作

NumPy 简介

3.1　NumPy　简　介

Numpy 是一个开源的 Python 数值计算库。它可以用来处理多维数组和矩阵，以及用于数学、科学和工程计算等。Numpy 提供了许多有用的函数和工具，包括：快速操作多维数组的功能；线性代数、傅里叶变换等数学函数；与其他编程语言（如 C++ 和 Fortran）的接口。

NumPy 是 Python 中用于数值计算和科学计算的核心库之一。它提供了高性能的多维数组对象和用于操作这些数组的函数。NumPy 是许多其他 Python 科学计算库的基础，如 Pandas、Scikit-learn 和 Matplotlib 等。NumPy 还提供了许多其他功能，如随机数生成、线性代数运算、傅里叶变换、信号处理等。在进行数据分析和科学计算时，使用 NumPy 可以提高计算效率和代码可读性。

NumPy 是扩展库不是标准库，使用前需要安装，一般使用 pip 安装或者 conda 命令安装。首先查看 NumPy 是否已经安装，在 JupyterLab 里调出终端环境，如图 3-1 所示。

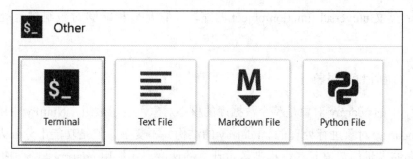

图 3-1 JupyterLab 界面

打开 Terminal 后输入命令 pip show numpy，运行结果如图 3-2 所示。

```
Windows PowerShell
版权所有 (C) Microsoft Corporation。保留所有权利。

尝试新的跨平台 PowerShell https://aka.ms/pscore6

PS C:\Users\Administrator\Desktop\Data Analysis\chapter 3> pip show numpy
Name: numpy
Version: 1.21.5
Summary: NumPy is the fundamental package for array computing with Python.
Home-page: https://www.numpy.org
Author: Travis E. Oliphant et al.
Author-email:
License: BSD
Location: c:\programdata\anaconda3\lib\site-packages
Requires:
Required-by: astropy, bkcharts, bokeh, Bottleneck, daal4py, datashader, datashape, gensim, h5py, holovi
ews, hvplot, imagecodecs, imageio, matplotlib, mkl-fft, mkl-random, numba, numexpr, pandas, patsy, pyer
fa, PyWavelets, scikit-image, scikit-learn, scipy, seaborn, statsmodels, tables, tifffile, wordcloud, x
array
```

图 3-2 pip 查看 numpy 库信息

从图 3-2 中可以看到版本信息、介绍、主页信息、保存的位置以及依赖库。如果没有相关信息，表示没有安装，可以用 pip install numpy 或者 conda install numpy 命令来安装。也可以在 Python 环境下验证是否安装成功，示例代码如下：

```
# 导入 NumPy 库
import numpy
# 查看版本信息
print(" 当前 NumPy 版本为 :",numpy.__version__)
```

代码运行结果如下：

当前 NumPy 版本为 : 1.21.5

如果版本不符合项目要求，可以安装特定版本的 NumPy，命令为 pip install numpy==1.18.5 或者 conda install numpy==1.18.5。如果不需要某版本也可以卸载特定版本的 NumPy，命令为 pip uninstall numpy==1.18.5 或者 conda uninstall numpy==1.18.5。或者用 pip show numpy==1.18.5 命令查看存储位置，找到存储位置删除即可。

3.2　NumPy 中的对象

NumPy 中有以下两种基本的对象。

ndarray：英文 n-dimensional array object 的缩写，用于存储单一数据类型的多维数组，一般统称为数组。

NumPy 中的对象

ufunc：英文 universal function object 的缩写，它是一种能够对数组进行处理的特殊函数。

3.2.1　ndarray 对象

NumPy 中的 ndarray 对象是整个数据库的核心对象，表示数组，NumPy 中所有的函数都是围绕 ndarray 对象进行处理的。ndarray 的结构并不复杂，但是功能十分强大。不但可以高效地存储大量的数值元素，提高数组计算的速度，还能用 ndarray 与各种扩展库进行数据交换。

Numpy 中的基本类型主要是多维数组。多维数组是 Numpy 的核心对象，也是进行数值计算和数据分析的主要数据结构。在 Numpy 中，多维数组被表示为 ndarray 对象。ndarray 对象具有以下特点：

● 　数组对象采用相同的数据类型，有助于节省运算和存储空间。
● 　数组中的元素在内存中是连续存储的。
● 　可以使用基本的算术和逻辑运算符进行操作。

Numpy 中的多维数组可以有不同的维度和形状。例如，可以创建一个二维数组，用于表示矩阵。在创建多维数组时，可以指定数组的形状和数据类型。常见的数据类型包括整数、浮点数、布尔值等。可以根据需要创建不同维度、形状和数据类型的数组，只需要在 np.array() 函数中传入相应的参数即可。

要创建一个 ndarray，只需调用 NumPy 的 array() 函数，标准语法格式如下：

```
numpy.array(object, dtype = None, copy = True, order = None, subok = False, ndmin = 0)
```

参数说明如下。

object：数组或嵌套的数列，可以是列表或者元组。

dtype：数组元素的数据类型，可选。

copy：对象是否需要复制，可选。

order：创建数组的样式，C 为行方向，F 为列方向，A 为任意方向（默认）。

subok：默认返回一个与基类类型一致的数组。

ndmin：指定生成数组的最小维度。

下面是几个 NumPy 的多维数组的示例。

（1）一维数组的示例代码如下：

```
import numpy as np
# 创建一个一维数组
arr = np.array([1, 2, 3, 4, 5])
# 显示数组及其形状和数据类型
print(arr)
print(arr.shape)
print(arr.dtype)
```

代码运行结果如下：

```
[1 2 3 4 5]
(5,)
int32
```

在这个例子中，创建了一个一维数组，并打印了它的形状和数据类型。数组的形状是 (5,)，数据类型是 int32。

（2）创建二维数组的示例代码如下：

```
import numpy as np
# 创建一个 3 行 3 列的二维数组
arr = np.array([[1, 2, 3], [4, 5, 6], [7, 8, 9]])
# 显示数组及其形状和数据类型
print(arr)
print(arr.shape)
print(arr.dtype)
```

代码运行结果如下：

```
[[1 2 3]
 [4 5 6]
 [7 8 9]]
(3, 3)
int32
```

在这个例子中，我们创建了一个 3 行 3 列的二维数组，并显示出来了它的形状和数据类型。数组的形状是 (3, 3)，数据类型是 int32。

（3）创建三维数组的示例代码如下：

```
import numpy as np
# 创建一个三维数组
arr = np.array([[[1, 2], [3, 4]], [[5, 6], [7, 8]]])
# 显示数组及其形状和数据类型
print(arr)
print(arr.shape)
print(arr.dtype)
```

代码运行结果如下：

```
[[[1 2]
  [3 4]]

 [[5 6]
  [7 8]]]
(2, 2, 2)
int32
```

在这个例子中，我们创建了一个 2 层 2 行 2 列的三维数组，显示出来了它的形状和数据类型。数组的形状是 (2, 2, 2)，数据类型是 int64。

可以看到 NumPy 中的 array() 函数的功能很强大，其具体功能可通过查看帮助得知，示例代码如下：

```
import numpy as np
help(np.array)
```

可以通过给 array() 函数传递 Python 的序列对象来创建数组，如果传递的是多层嵌套的序列，将创建多维数组。Python 中的序列可以是列表或元组等，创建数组的形状可以通过数组的 shape 属性获得，shape 是一个描述数组各个轴的长度的元组。数组中的元素类型可以通过 dtype 属性获得。

3.2.2　array 对象的属性和方法

上面学习了怎么使用函数创建数组，本节学习 array 对象的属性和方法。

（1）NumPy 中 ndarray 的一些常用属性如下。

ndarray.shape：返回数组的维度，例如，(3, 4) 表示一个二维数组，其中有 3 行和 4 列。

ndarray.ndim：返回数组的维数。

ndarray.size：返回数组中元素的总数。

ndarray.dtype：返回数组中元素的数据类型。

ndarray.itemsize：返回数组中每个元素的字节大小。

ndarray.data：包含数组实际元素的缓冲区。

ndarray.reshape：将数组重新整形为新的形状。

ndarray.transpose：返回数组的转置。

ndarray.flatten：将数组展平成一维数组。

ndarray.sort：沿给定轴对数组的元素进行排序。

ndarray.argmax：返回数组中最大元素的索引。

ndarray.argmin：返回数组中最小元素的索引。

（2）NumPy 中 ndarray 的一些常用方法如下。

ndarray.clip：将数组中的元素限制在给定范围内。

ndarray.compress：返回沿给定轴选择的元素的条件。

ndarray.cumprod：返回沿给定轴的元素的累积乘积。

ndarray.cumsum：返回沿给定轴的元素的累积和。

ndarray.diagonal：返回数组的对角线元素。

ndarray.dot：返回两个数组的点积。

ndarray.fill：将数组中的元素设置为特定的值。

ndarray.prod：返回数组中所有元素的乘积。

ndarray.sum：返回数组中所有元素的总和。

ndarray.var：返回数组中元素的方差。

3.2.3　NumPy 创建数组

ndarray 数组除了可以使用底层 ndarray 构造器来创建外，也可以通过以下几种方式来创建。

（1）用 numpy.empty() 函数创建一个指定形状（shape）、数据类型（dtype）且未初始化的数组，标准语法格式如下：

```
numpy.empty(shape, dtype = float, order = 'C')
```

参数说明如下。

shape：数组形状。

dtype：数据类型，可选。

order：有 'C' 和 'F' 两个选项，分别代表行优先和列优先，为在计算机内存中的存储元素的顺序。

示例代码如下：

```
# 创建未初始化的数组
import numpy as np
arr = np.empty([2,3], dtype = int)
print(arr)
```

代码运行结果如下：

```
[[0 0 0]
 [0 0 0]]
```

（2）用 numpy.zeros() 函数创建指定大小的数组，数组元素以 0 来填充，标准语法格式如下：

```
numpy.zeros(shape, dtype = float, order = 'C')
```

示例代码如下：

```
import numpy as np
# 默认为浮点数
arr1 = np.zeros(3)
print(arr1)
# 设置类型为整数
arr2 = np.zeros((5,), dtype = int)
print(arr2)
# 设置类型为布尔型
arr3 = np.zeros((5,), dtype = bool)
print(arr4)
# 自定义类型
arr4 = np.zeros((2,3), dtype = [('x', 'i4'), ('y', 'i4')])
# 其中每个元素都是一个包含两个字段（x 和 y）的元组，每个字段的数据类型都是 i4（32 位整数）。
print(arr4)
```

代码运行结果如下：

```
[0. 0. 0.]
[0 0 0 0 0]
[[False False False]
 [False False False]]
[[(0, 0) (0, 0) (0, 0)]
 [(0, 0) (0, 0) (0, 0)]]
```

（3）用 numpy.ones() 函数创建指定形状的数组，数组元素以 1 来填充，标准语法格式如下：

```
numpy.ones(shape, dtype = None, order = 'C')
```

参数说明如下。

shape：数组形状。

dtype：数据类型，可选。

order：指定数组的存储方式。'C' 表示 C 风格的行优先存储，而 'F' 表示 FORTRAN 风格的列优先存储。在大多数情况下，使用默认的 C 风格就足够了。

示例代码如下：

```
import numpy as np
# 默认为浮点数
```

```
arr1 = np.ones(6)
print(arr1)
# 自定义类型
arr2 = np.ones([2,3], dtype = int, order='F')
print(arr2)
arr3 = np.ones([2,3], dtype = int, order='C')
print(arr3)
```

代码运行结果如下：

```
[1. 1. 1. 1. 1. 1.]
[[1 1 1]
 [1 1 1]]
[[1 1 1]
 [1 1 1]]
```

（4）用 numpy.zeros_like() 函数创建一个与给定数组具有相同形状的数组，数组元素以 0 来填充。标准语法格式如下：

```
numpy.zeros_like(a, dtype=None, order='K', subok=True, shape=None)
```

参数说明如下。

a：给定要创建相同形状的数组。

dtype：创建的数组的数据类型。

order：数组在内存中的存储顺序，可选值为 'C'（按行优先）或 'F'（按列优先），默认为 'K'（保留输入数组的存储顺序）。

subok：是否允许返回子类，若为 True，则返回一个子类对象，否则返回一个与 a 数组具有相同数据类型和存储顺序的数组。

shape：创建的数组的形状，若不指定，则默认为 a 数组的形状。

与之类似，numpy.ones_like() 函数用于创建一个与给定数组具有相同形状的数组，数组元素以 1 来填充。标准语法格式如下：

```
numpy.ones_like(a, dtype=None, order='K', subok=True, shape=None)
```

其参数含义与 numpy.zeros_like() 函数的相同。

以上两种方法的示例代码如下：

```
# 创建形状相同的 zeros 和 ones 数组
import numpy as np
# 创建一个 3×3 的二维数组
arr33= np.array([[1, 2, 3], [4, 5, 6], [7, 8, 9]])
print(arr33)
# 创建一个与 arr33 形状相同的，所有元素都为 0 的数组
zeros_arr = np.zeros_like(arr33)
print(zeros_arr)
# 创建一个与 arr33 形状相同的，所有元素都为 1 的数组
ones_arr = np.ones_like(arr33)
print(ones_arr)
```

代码运行结果如下：

```
[[1 2 3]
 [4 5 6]
 [7 8 9]]
```

```
[[0 0 0]
 [0 0 0]
 [0 0 0]]
[[1 1 1]
 [1 1 1]
 [1 1 1]]
```

（5）用 numpy.arange() 函数创建数值范围并返回 ndarray 对象。标准语法格式如下：

```
numpy.arange(start, stop, step, dtype)
```

根据 start 与 stop 指定的范围以及 step 设定的步长，生成一个 ndarray。

参数说明如下。

start：起始值，默认为 0。

stop：终止值（不包含）。

step：步长，默认为 1。

dtype：返回 ndarray 的数据类型，若没有提供，则会使用输入数据的类型。

示例代码如下：

```
# 生成数组
import numpy as np
arr = np.arange(10,20,2)
print(arr)
```

代码运行结果如下：

```
[10 12 14 16 18]
```

（6）用 numpy.linspace() 函数创建一个一维数组，数组是一个等差数列构成的。标准语法格式如下：

```
np.linspace(start, stop, num=50, endpoint=True, retstep=False, dtype=None)
```

参数说明如下。

start：序列的起始值。

stop：序列的终止值，若 endpoint 为 True，则该值包含十数列中。

num：要生成的等步长的样本数量，默认为 50。

endpoint：该值为 True 时，数列中包含 stop 值，反之不包含，默认是 True。

retstep：若为 True，则生成的数组中会显示间距，反之不显示。

dtype：ndarray 的数据类型。

示例代码如下：

```
import numpy as np
arr = np.linspace(1,10,10)
print(arr)
```

代码运行结果如下：

```
[ 1. 2. 3. 4. 5. 6. 7. 8. 9. 10.]
```

（7）用 numpy.logspace() 函数创建一个等比数列。标准语法格式如下：

```
np.logspace(start, stop, num=50, endpoint=True, base=10.0, dtype=None)
```

参数说明如下。

start：序列的起始值为 base ** start。

stop：序列的终止值为 base ** stop，若 endpoint 为 True，则该值包含于数列中。

num：要生成的等步长的样本数量，默认为 50。

endpoint：该值为 True 时，数列中包含 stop 值，反之不包含，默认是 True。

base：对数 log 的底数。

dtype：ndarray 的数据类型。

示例代码如下：

```
import numpy as np
# 创建一个从 1 到 100，以 10 为底，包含 3 个元素的等比数列，结果为整数类型
arr = np.logspace(1, 3, 3, dtype=int)
print(arr)
```

代码运行结果如下：

[10 100 1000]

NumPy 中数组的索引

3.3　NumPy 中数组的索引

有了数组后，重要的就是访问特定位置的数据，NumPy 的索引就是指访问数组元素的过程。NumPy 支持多种不同类型的索引，包括基本索引、高级索引、布尔索引和切片索引等。

3.3.1　数组的维度和基本索引

索引的关键是理解数组的维度。在 NumPy 中，每一个线性的数组称为一个轴（axis），也就是维度（dimensions）。比如说，二维数组相当于是两个一维数组，其中第一个一维数组中每个元素又是一个一维数组。所以一维数组就是 NumPy 中的轴，第一个轴相当于底层数组，第二个轴是底层数组里的数组。而轴的数量就是秩（rank），就是数组的维数，一维数组的秩为 1，二维数组的秩为 2，以此类推。

很多时候可以声明 axis。axis=0，表示沿着第 0 轴进行操作，即对每一列进行操作；axis=1，表示沿着第 1 轴进行操作，即对每一行进行操作。下面分别对不同维度数组进行创建和索引，注意理解维度和访问规则。

示例代码如下：

```
import numpy as np
# 一维数组用两种方法创建，列表和元组
arr1 = np.array(['0', '1', '2', '3', '4', '5'])
arr2 = np.array(('0', '1', '2', '3', '4', '5'))
print('arr1 数组：',arr1)
print('arr2 数组：',arr2)
print('arr1 数组的第 0 位元素 ',arr1[0])
print('arr2 数组的第 2 位元素 ',arr2[2])
```

可以看到一维数组索引类似列表的索引，用方括号将数字括起来即可，代码运行结果如下：

arr1 数组：['0' '1' '2' '3' '4' '5']

arr2 数组：　['0' '1' '2' '3' '4' '5']
arr1 数组的第 0 位元素 0
arr2 数组的第 2 位元素 2

二维数组索引需要两个序号，其行列分别用方括号括起来，示例代码如下：

```python
import numpy as np
# 二维数组创建
arr = np.array([['00', '01', '02'], ['10', '11', '12']])
print('arr 数组：\n',arr)
print('arr 数组的维度：',arr.shape)
print('arr[1,2] 索引：',arr[1,2])
```

二维数组索引前一个数字就是进入 array() 函数中的第一层嵌套去找这个序号，第二个数字是进入第二层嵌套中找对应序号的元素，即为索引位置的元素，运行结果如下：

arr 数组：
 [['00' '01' '02']
 ['10' '11' '12']]
arr 数组的维度：　(2, 3)
arr[1,2] 索引：　12

三维数组索引需要进入三层嵌套，有三个序号，先从第一层进入，最后找到对应元素，示例代码如下：

```python
import numpy as np
# 三维数组创建
arr = np.array([[['000','001','002','003'],['010','011','012','013']],
                [['100','101','102','103'],['110','111','112','113']]])
print('arr 数组：\n',arr,end=3*'\n')
print('arr 数组的维度：',arr.shape)
print('arr[0,1,0] 索引：',arr[0, 1, 0],end='\n')
print('arr[1,0,1] 索引：',arr[1, 0, 1],end='\n')
```

代码运行结果如下：

arr 数组：
 [[['000' '001' '002' '003']
  ['010' '011' '012' '013']]

 [['100' '101' '102' '103']
  ['110' '111' '112' '113']]]

arr 数组的维度：　(2, 2, 4)
arr[0,1,0] 索引：　010
arr[1,0,1] 索引：　101

以上结合对维度的解释进行基本索引，读者可以进一步上机验证四维数组或者五维数组的创建和索引操作，为了便于理解数组，可以仿照以上案例代码，用字符串作为元素。

3.3.2　高级索引

NumPy 中的高级索引包括整数索引、布尔索引、花式索引。

整数索引是指使用整数数组进行索引。例如，如果有一个形状为 (3, 4) 的数组，那么可以使用一个形状为 (2,) 的整数数组来索引它的行，例如 [0, 2] 表示返回数组的第一行和第三行。

布尔索引是指使用布尔数组进行索引。例如，如果有一个形状为 (3, 4) 的数组，那么可以使用一个形状相同的布尔数组来索引它的元素。这个布尔数组中的每个元素都对应数组中的一个元素。如果这个元素为 True，则该元素将被选中。

花式索引是指使用整数数组进行索引，这个整数数组可以是多维的。例如，如果有一个形状为 (3, 4) 的数组，那么可以使用一个形状为 (2, 2) 的整数数组来索引它的元素。这个整数数组中的每个元素都对应数组中的一个元素。如果这个元素为 (i, j)，元素将被选中。

NumPy 中的高级索引的示例代码如下：

```python
# 高级索引
import numpy as np
# 创建一个二维数组
arr = np.array([[1, 2, 3], [4, 5, 6], [7, 8, 9]])
# 整数索引
print("Integer indexing:", arr[[0, 2]])
# 布尔索引
print("Boolean indexing:", arr[arr > 5])
# 花式索引
print("Fancy indexing:\n", arr[np.array([[0, 2], [1, 2]])])
```

代码运行结果如下：

```
Integer indexing: [[1 2 3]
 [7 8 9]]
Boolean indexing: [6 7 8 9]
Fancy indexing:
 [[[1 2 3]
 [7 8 9]]

[[4 5 6]
 [7 8 9]]]
```

这些高级索引技术使得 NumPy 成为一种非常强大的工具，可以用于处理大型、多维数组和矩阵的数据结构的工具。

NumPy 中的统计函数

3.4 Numpy 中的统计函数

以下是 NumPy 中的一些常见统计函数。

numpy.mean：计算数组的平均值。

numpy.median：计算数组的中位数。

numpy.var：计算数组的方差。

numpy.std：计算数组的标准差。

numpy.max：返回数组中的最大值。

numpy.min：返回数组中的最小值。

numpy.sum：计算数组中所有元素的总和。

numpy.prod：计算数组中所有元素的乘积。

numpy.percentile：计算数组中给定百分位数的值。

这些函数对于数据分析和科学计算非常有用。如果需要使用 Python 进行数据分析或科学计算，那么 NumPy 是一个不可或缺的库。

示例代码如下：

```python
# NumPy 中的统计函数
import numpy as np
# 创建一个包含随机数字的数组
arr = np.random.randn(2, 3)
print(arr)
# 计算数组的均值
print("Mean:", arr.mean())
# 计算数组的所有元素的总和
print("Sum:", arr.sum())
# 计算数组的所有元素的乘积
print("Prod:", arr.prod())
# 计算数组的标准差
print("Standard deviation:", arr.std())
# 计算数组的方差
print("Variance:", arr.var())
# 计算数组的最小值
print("Minimum:", arr.min())
# 计算数组的最大值
print("Maximum:", arr.max())
# 计算数组的累积和
print("Cumulative sum:\n", arr.cumsum())
# 计算数组的元素的累积乘积
print("Cumulative product:\n", arr.cumprod())
# 计算数组中的百分位数
print("Percentiles:\n", np.percentile(arr, [25, 50, 75]))
```

代码运行结果如下：

[[-0.50317947 -0.82259968 0.42853933]

[0.60603347 0.34022296 -1.11933686]]

Mean: -0.17838670570025492

Sum: -1.0703202342015294

Prod: -0.04093767511209131

Standard deviation: 0.66564731773789998

Variance: 0.44308635161166054

Minimum: -1.11933686227787

Maximum: 0.6060334749589131

Cumulative sum:

[-0.50317947 -1.32577914 -0.89723981 -0.29120633 0.04901663 -1.07032023]

Cumulative product:

[-0.50317947 0.41391527 0.17737897 0.10749759 0.03657315 -0.04093768]

Percentiles:

[-0.74274462 -0.08147825 0.40646024]

3.5　Numpy 中的矩阵操作

NumPy 中的矩阵运算非常强大，包括以下操作。

dot：矩阵乘法。

diag：返回矩阵的对角线元素。

trace：返回矩阵的迹。

det：返回矩阵的行列式。

inv：返回矩阵的逆。

eig：返回矩阵的特征值和特征向量。

svd：返回矩阵的奇异值分解。

transpose：返回矩阵的转置。

flatten：将矩阵展平成一维数组。

reshape：将矩阵重新整形为新的形状。

sort：沿给定轴对矩阵的元素进行排序。

这些操作使得 NumPy 成为一种非常强大的工具，可以用于处理大型、多维数组和矩阵的数据结构，示例代码如下：

```python
# NumPy 中的矩阵操作
import numpy as np
# 创建一个二维数组
arr = np.array([[1, 2, 3], [4, 5, 6], [7, 8, 9]])
# 计算数组的行列式
print("Determinant:", np.linalg.det(arr))
# 计算数组的迹
print("Trace:", np.trace(arr))
# 计算数组的逆
print("Inverse:\n", np.linalg.inv(arr))
# 计算数组的特征值和特征向量
eigenvalues, eigenvectors = np.linalg.eig(arr)
print("Eigenvalues:", eigenvalues)
print("Eigenvectors:\n", eigenvectors)
# 计算数组的奇异值分解
u, s, v = np.linalg.svd(arr)
print("U:\n", u)
print("S:\n", s)
print("V:\n", v)
# 将数组展平成一维数组
print("Flattened array:", arr.flatten())
# 将数组重新整形为新的形状
print("Reshaped array:", arr.reshape((1, 9)))
# 沿给定轴对矩阵的元素进行排序
print("Sorted array:\n", np.sort(arr, axis=0))
```

代码运行结果如下：

Determinant: 6.66133814775094e-16

```
Trace: 15
Inverse:
 [[-4.50359963e+15  9.00719925e+15 -4.50359963e+15]
 [ 9.00719925e+15 -1.80143985e+16  9.00719925e+15]
 [-4.50359963e+15  9.00719925e+15 -4.50359963e+15]]
Eigenvalues: [ 1.61168440e+01 -1.11684397e+00 -4.22209278e-16]
Eigenvectors:
 [[-0.23197069 -0.78583024  0.40824829]
 [-0.52532209 -0.08675134 -0.81649658]
 [-0.8186735   0.61232756  0.40824829]]
U:
 [[-0.21483724  0.88723069  0.40824829]
 [-0.52058739  0.24964395 -0.81649658]
 [-0.82633754 -0.38794278  0.40824829]]
S:
 [1.68481034e+01 1.06836951e+00 4.41842475e-16]
V:
 [[-0.47967118 -0.57236779 -0.66506441]
 [-0.77669099 -0.07568647  0.62531805]
 [-0.40824829  0.81649658 -0.40824829]]
Flattened array: [1 2 3 4 5 6 7 8 9]
Reshaped array:[[1 2 3 4 5 6 7 8 9]]
Sorted array:
 [[1 2 3]
 [4 5 6]
 [7 8 9]]
```

使用 NumPy 在 Python 中执行矩阵运算很方便。虽然可以使用标准的 Python 列表类型实现二维数组（嵌套列表），并进行二维数组的简单运算，但是使用 NumPy 可以轻松计算矩阵乘积、逆矩阵、行列式和特征值。NumPy 具有通用多维数组类 numpy.ndarray 和矩阵（二维数组）专用类 numpy.matrix。ndarray 和 matrix 都可以执行矩阵（二维数组）操作（矩阵乘积、逆矩阵等），但是使用 matrix 可以更轻松地编写代码。

若经常计算矩阵乘积和逆矩阵，则 matrix 可能更易于描述，但是在其他情况下，无需使用 matrix。注意，可以在 ndarray 中使用的大多数函数和方法，如 max() 和 min() 以获得最大值和最小值，也可以在 matrix 中使用。

本 章 小 结

本章主要讲述了 NumPy 的数组操作，这些知识对于快速便利地处理大量数据是必需的，对于数组最关键的是弄清楚存储数据的方式和多维数据的索引方式。数组的索引确定了，就能够清楚函数如何作用到数据上，需要的统计函数也可以用在上面。NumPy 主要提供数据的存储和操作，也提供统计函数以及矩阵操作。NumPy 库对于 Python 的数据处理如虎添翼，它是 Python 科学计算的基础架构，包括支持大型、多维数组和矩阵运算的数据结构，以及运行数学函数的工具。NumPy 是 SciPy、Pandas 和 Scikit-learn 等其他 Python 库的基础。

练 习 3

一、选择题

1. NumPy 中可以用来创建多维数组的基本对象是（　　）。

   A. ndarray　　　　　　　　　　B. ufunc

   C. 数组　　　　　　　　　　　D. 字典

2. arr = np.array([1, 2, 3, 4, 5]) 创建的是（　　）。

   A. 一维数组　　　　　　　　　B. 二维数组

   C. 三维数组　　　　　　　　　D. 多维数组

3. 下面（　　）函数可以用于创建一个全是 0 的数组。

   A. np.ones　　　　　　　　　　B. np.zeros

   C. np.empty　　　　　　　　　D. np.eye

4. 下面（　　）函数可以用于创建一个单位矩阵。

   A. np.ones　　　　　　　　　　B. np.zeros

   C. np.empty　　　　　　　　　D. np.eye

5. 下面（　　）函数可以用于计算数组中所有元素的平均值。

   A. np.mean　　　　　　　　　　B. np.median

   C. np.std　　　　　　　　　　D. np.var

6. 下面（　　）函数可以用于将一个数组展平。

   A. np.reshape　　　　　　　　B. np.transpose

   C. np.flatten　　　　　　　　D. np.ravel

7. 下面（　　）函数可以用于在数组中插入一个元素。

   A. np.append　　　　　　　　　B. np.insert

   C. np.resize　　　　　　　　　D. np.concatenate

8. 下面（　　）函数可以用于计算数组中元素和。

   A. np.sum　　　　　　　　　　B. np.mean

   C. np.max　　　　　　　　　　D. np.min

9. 下面（　　）函数可以用于将一个数组沿着指定轴进行拼接。

   A. np.append　　　　　　　　　B. np.insert

   C. np.concatenate　　　　　　D. np.vstack

10. 下面（　　）函数可以用于将一个数组沿着垂直方向进行拼接。

    A. np.hstack　　　　　　　　　B. np.vstack

    C. np.concatcnatc　　　　　　D. np.append

二、填空题

1. 创建一个形状为 (3,3) 的空数组：np._____((3,3))。

2. 创建一个形状为 (3,3) 的单位矩阵：np._____(3)。

3. 创建一个形状为 (2,2) 的数组：np._____((2,2))。

4. 将数组 a 和数组 b 进行拼接：np._____((a,b))。

5. 将数组 a 和数组 b 沿着水平方向进行拼接：np._____((a,b), axis=1)。

6. 将数组 a 和数组 b 沿着垂直方向进行拼接：np._____((a,b), axis=0)。

7. 计算数组 a 中所有元素的平均值：np._____(a)。

8. 计算数组 a 中元素的标准差：np._____(a)。

三、简答题

1. 请简述 NumPy 的作用及其在 Python 科学计算中的重要性。

2. 请简述 NumPy 中常用的数组操作函数及其用途。

3. 请简述 NumPy 中常用的随机数生成函数及其用途。

4. 请简述 NumPy 中常用的线性代数函数及其用途。

5. 请简述 NumPy 中常用的统计分析函数及其用途。

6. 请简述 NumPy 中常用的文件读写函数及其用途。

第 4 章　数据处理库 Pandas

本章导读

Pandas 库是一个开源的 Python 数据分析库，它提供了高效地操作大型数据集的工具和数据结构。Pandas 库的主要数据结构是 Series 和 DataFrame，它们可以用来处理不同类型的数据，如数字、文本和日期等。Pandas 库还提供了强大的函数和方法，可以用来处理缺失数据、合并和分组数据以及进行数据可视化等操作。

本章要点

- Pandas 的数据类型
- Pandas 文件的读写
- Pandas 常用的统计函数

Pandas 简介

4.1　Pandas　简　介

2008 年，AQR Capital Management 公司开始进行 Pandas 开发，并于 2009 年年底开源，得到了世界各地志同道合的个人社区的积极支持。2015 年，NumFOCUS 开始赞助 Pandas 的开发。

Pandas 是数据科学中不可缺少的基本库，是 Python 中最强大的数据探索、分析的工具，广泛用于统计学、金融学、经济学等需要处理大量数据的学科，它甚至可以完成 Excel 的全部功能，并且可以处理 Excel 不能处理的大规模数据集，它是对 NumPy 的封装、集成，因此 Pandas 的操作也很简便。

4.1.1　Pandas 的安装与导入

1. 安装 Pandas

类似于 NumPy 等其他 Python 的第三方库，可使用 pip 安装 Pandas，在命令行输入：

```
pip install pandas
```

若安装了 Anaconda，则在 Anaconda 中已经集成了 Pandas，可以用如下命令查看 Pandas 对应版本等信息：

```
conda show pandas
```

2. 导入 Pandas

安装完 Pandas 后，导入 Pandas 并查看其版本信息的代码如下：

```
# 导入 Pandas 库命名为别名，并查看版本
import pandas as pd
```

```
print(pd.__version__)
```

若上述命令不报错，则说明 Pandas 已成功安装。

4.1.2　数据类型 Series

在 NumPy 的学习中，常用数组这一概念，在本章中，可以将 Series 理解为特殊的一维数组，特殊在于 Series 存在行名称（index）。本节只对 Series 作简单介绍，具体属性和方法在 4.3 节详细介绍。

创建一个 Series 的示例代码如下：

```
# 创建数据类型 Series
data_series = pd.Series(data=[" 小明 "," 小天 "," 小会 "," 小更 "," 小好 "],index=[1,2,3,4,5])
data_series
```

代码运行结果如下：

1　小明
2　小天
3　小会
4　小更
5　小好
dtype: object

如上运行结果所示，创建了一个 Series，在 Series 中，左侧为行名称，也称为行索引。类似数据库中的一张表，行名称类似主键。当然，也可以不设置 index，系统会自动分配数字索引，示例代码如下：

```
# 创建数据类型 Series，自动分配数字索引，从 0 开始
data_series = pd.Series(data=[" 小明 "," 小天 "," 小会 "," 小更 "," 小好 "])
data_series
```

代码运行结果如下：

0　小明
1　小天
2　小会
3　小更
4　小好
dtype: object

创建 Series 时，需要掌握两个参数：data、index。data 包含要创建为 Series 的数据，可以是列表、NumPy 数组、字典等。如果传入的是字典，那么字典的键会成为 Series 的索引。index 是一个可选参数，用于定义 Series 的索引，若未指定，则默认使用整数索引（从 0 开始）。其可以是列表、NumPy 数组、字典等。如果传入的是字典，那么字典的键会成为 Series 的索引。上述代码示例中采用的是列表作为 data，读者可以尝试使用其他的对象创建 Series。使用 index 可以方便地在 Series 中索引数据。

4.1.3　数据类型 DataFrame

Series 是一维数据，可以存储的数据信息有限。DataFrame 是 Pandas 中最重要的数据类型，因为进行数据统计分析时，大部分数据是多维的，所以需要 DataFrame 这一对象完成对表格数据的操作。同上节，本小节只对 DataFrame 的创建与基本的形状作简单介绍，

具体的属性与方法将在 4.3 节中介绍。

创建 DataFrame 的示例代码如下：

```
# 创建 DataFrame
df = pd.DataFrame(data=[[11,12,13],[21,22,23]])
df
```

代码运行结果如下：

	0	1	2
0	11	12	13
1	21	22	23

如上所示，DataFrame 是一个二维的表格数据，里面存放两行数据，因为每行数据有三个，所以是三列数据，这样横向和纵向都可以定位数据了，也就是有行索引和列索引。以上是自动生成的，故索引都是从 0 开始。添加了行索引的示例代码如下：

```
# 创建 DataFrame 添加行索引
df = pd.DataFrame(data=[[81,82,83],[91,92,93]],index=[' 张三 ',' 李四 '])
df
```

代码运行结果如下：

	0	1	2
张三	81	82	83
李四	91	92	93

再添加列索引，示例代码如下：

```
# 创建 DataFrame 添加列索引
df = pd.DataFrame(data=[[81,82,83],[91,92,93]],index=[' 张三 ',' 李四 '],
        columns=[' 英语 ',' 数学 ',' 语文 '])
df
```

代码运行结果如下：

	英语	数学	语文
张三	81	82	83
李四	91	92	93

在创建 DataFrame 时，较之 Series 多使用了一个 columns 参数，该参数是 DataFrame 的列名，也叫列索引。这样就明朗很多，index 和 columns 可以定位到具体某个数据了。比如查找某个学生的具体成绩，先从 index 找到人名，再从 columns 找到某一科目，定位的数据就是该生的某科成绩。

数据文件读取

4.2 数据文件读取

大部分的数据都是保存在文件中的，Pandas 可以读取多种不同的数据类型文件，如 HTML、XML、json、csv、excel、txt、sql 等的数据文件，本节用常见的数据表格对 Pandas 读写文件作一个引入，更多的文件类型读写操作请参考官方文档。

4.2.1 excel 文件读取

Excel 是工作中使用最广泛的软件，可以使用 Excel 进行统计、数据分析，但是 Excel 很难处理大量的数据。下面介绍用 Pandas 读取 excel 文件格式的文件。

当 iris_data.xlsx 与代码文件在同一目录下时，读取 excel 文件的示例代码如下：

```
# 读取 excel 文件
df = pd.read_excel('iris_data.xlsx')
# 查看前 3 行的数据
df.head(3)
```

代码运行结果如下：

	sepal length (cm)	sepal width (cm)	petal length (cm)	petal width (cm)	target	target_name
0	5.1	3.5	1.4	0.2	0	setosa
1	4.9	3.0	1.4	0.2	0	setosa
2	4.7	3.2	1.3	0.2	0	setosa

可以看到一个 DataFrame 数据被放入 df 变量中，显示出来的前 3 行是一个二维数据。

4.2.2　csv 文件读取

csv 文件也是常用的文件，同上述读取 excel 文件一样，读取 csv 文件也只需一行代码。当 iris_data.csv 与代码文件在同一目录下时，读取 csv 文件的示例代码如下：

```
# 读取 csv 格式文件
df = pd.read_csv("iris_data.csv")
# 查看前 3 行的数据
df.head(3)
```

代码运行结果如下：

	sepal length (cm)	sepal width (cm)	petal length (cm)	petal width (cm)	target	target_name
0	5.1	3.5	1.4	0.2	0	setosa
1	4.9	3.0	1.4	0.2	0	setosa
2	4.7	3.2	1.3	0.2	0	setosa

对比两次运行结果可以发现，两种文件读取示例中只是数据文件格式不同，读取时需要改变读取语句，显示出来的数据内容相同。

运行结果中的数据来自鸢尾花数据集，也被称为 Iris 数据集，是常用的分类实验数据集，由罗纳德·艾尔默·费希尔（Ronald Aylmer Fisher）于 1936 年收集整理。该数据集包含 150 个数据样本，分为 3 类，每类 50 个数据。每个数据包含 4 个属性。这些属性包括花萼长度、花萼宽度、花瓣长度和花瓣宽度，它们可以用来描述鸢尾花的各种特征，如大小、形状等。在机器学习和数据挖掘的研究中，鸢尾花数据集经常被用作测试和验证算法性能的基准数据集。通过使用这个数据集，研究者可以评估他们的分类算法的准确性和效果。

使用 Pandas.read_excel() 和 Pandas.read_csv() 可以读取当前工作目录下的鸢尾花数据文件。上述示例代码采用的是相对路径，读者也可以尝试用绝对路径读取。

4.3　数据类型 Series 和 DataFrame

4.3.1　Series 常见的属性与方法

前面已经介绍了 Series 是什么，可以理解为是一行数据或者一列数据，接下来学习 Series 的常用方法与常见属性。为了方便介绍，使用 Pandas 读取有缺失值的鸢尾花数据文件，并通过切片操作得到一列数据，先读取数据文件载入 df 变量中，示例代码如下：

数据类型 Series 和
DataFrame

```
# 读取存在缺失值的文件
df = pd.read_csv("iris_nan.csv")
# 显示前 5 行
df.head(5)
```

代码运行结果如下：

	sepal length (cm)	sepal width (cm)	petal length (cm)	petal width (cm)	target
0	NaN	NaN	NaN	0.2	0
1	4.9	3.0	1.4	0.2	0
2	NaN	NaN	NaN	0.2	0
3	4.6	3.1	1.5	0.2	0
4	NaN	NaN	NaN	0.2	0

可以看到有 NaN 数据就是缺失值，下面提取一列数据，示例代码如下：

```
# 用列索引提取数据作为一个 Series
data_series = df['sepal length (cm)']
data_series.head(5)
```

代码运行结果如下：

```
0    NaN
1    4.9
2    NaN
3    4.6
4    NaN
Name: sepal length (cm), dtype: float64
```

上述代码使用索引得到了第一列数据，并显示前 5 行数据。

1. 属性

（1）查看行索引：pandas.Series.index。可以通过查看行索引来获取数据的数量，示例代码如下：

```
# 查看提取处理的列数据有多少行
data_series.index
```

代码运行结果如下：

```
RangeIndex(start=0, stop=150, step=1)
```

可以看到有 150 个数据，行索引也就是这行数据的名称，在 Pandas 中，读入数据时，会自动设置整数索引，默认从 0 开始。以上为自动添加的行索引，下面更改行索引值，示例代码如下：

```
# 更改索引值
list_index = [i for i in range(101,251)] # 列表表达式
data_series.index = list_index
data_series.index
```

代码运行结果如下：

```
Int64Index([101, 102, 103, 104, 105, 106, 107, 108, 109, 110,
            ...
            241, 242, 243, 244, 245, 246, 247, 248, 249, 250],
           dtype='int64', length=150)
```

上述代码使用列表表达式生成了一个列表，并改变了 Series 的行索引。注意更改索引值的时候可以用列表，但是列表中元素数目要和对应数据个数相符合，此处为 150 个。

（2）查看值：pandas.Series.values。示例代码如下：

```
# 查看值 PandasArray 对象
data_series.array
```

代码运行结果如下：

```
<PandasArray>
[nan, 4.9, nan, 4.6, nan, 5.4, nan, 5.0, nan, 4.9,
...
 nan, 6.9, 5.8, 6.8, 6.7, nan, nan, nan, 6.2, nan]
Length: 150, dtype: float64
```

上述代码返回了一个 PandasArray 对象，显示了数组的长度和数据类型。下面提供另外一个属性，用来查看 Series 的具体值，示例代码如下：

```
# 查看具体值
data_series.values
```

代码运行结果如下：

```
array([nan, 4.9, nan, 4.6, nan, 5.4, nan, 5. , nan, 4.9, 5.4, nan, nan,
    nan, 5.8, nan, nan, nan, 5.7, nan, 5.4, 5.1, 4.6, nan, 4.8, 5. ,
    nan, nan, 5.2, 4.7, 4.8, nan, nan, 5.5, 4.9, 5. , 5.5, 4.9, nan,
    5.1, 5. , nan, 4.4, nan, 5.1, 4.8, 5.1, 4.6, nan, nan, 7. , nan,
    nan, nan, nan, nan, 6.3, 4.9, 6.6, nan, nan, nan, 6. , nan, nan,
    nan, nan, 5.8, nan, nan, 5.9, 6.1, nan, nan, 6.4, 6.6, nan, nan,
    nan, nan, nan, 5.5, 5.8, nan, 5.4, 6. , , 6.7, 6.3, nan, nan, 5.5,
    nan, 5.8, 5. , , nan, 5.7, 5.7, 6.2, 5.1, nan, nan, nan, 7.1, nan,
    nan, nan, 4.9, 7.3, 6.7, nan, nan, nan, 6.8, nan, nan, nan, nan,
    nan, 7.7, nan, nan, nan, 7.7, 6.3, 6.7, 7.2, nan, nan, nan, nan,
    nan, nan, nan, 6.3, nan, 7.7, 6.3, nan, 6. , , nan, nan, 6.9, 5.8,
    6.8, 6.7, nan, nan, nan, 6.2, nan])
```

上述代码返回了一个 array 数组对象，其中包含 Series 的具体值，这种方法适用于数据不多的情况。这个数组对象可以使用操作 array 的方法来操作。

（3）查看形状：pandas.Series.shape。整个数据在横纵上的大小被形象地称为数据的形状，示例代码如下：

```
# 查看形状 pandas.Series.shape
data_series.shape
(150,)
```

上述代码使用 shape 属性查看 Series 的形状，并返回一个元组，表示 Series 的形状为150 行、1 列。

（4）查看数据类型：pandas.Series.dtypes。示例代码如下：

```
# 查看数据类型 pandas.Series.dtypes
data_series.dtypes
dtype('float64')
```

上述代码用来查看 Series 的数据类型。可以看到 data_series 中保存的数据为 float64。

除了上述介绍的常用属性之外，Series 还有很多的属性，详细的介绍请读者参考官方文档。

2. 方法

Python 是一种面向对象的语言，而属性、方法正是面向对象的表达方式。介绍完

Series 的常见属性，下面介绍 Series 的常见方法。

（1）强制转换数据类型：pandas.Series.astype()。在 Pandas 中，astype() 方法用于将 Series 中的数据类型转换为指定的类型。如 astype(int) 表示将 Series 中的数据类型转换为整数类型。参数 copy 默认为 False，表示是否在进行类型转换时创建原数据的副本。若 copy=True，则会创建一个新的 Series，包含转换后的数据，而原数据不会受到影响。若 copy=False，则会在原数据上进行修改，直接改变原数据。示例代码如下：

```python
import pandas as pd
# 创建一个包含字符串的 Series
s = pd.Series(['1', '2', '3'])
print(s)

# 将字符串转换为整数类型，并创建副本
s_int = s.astype(int, copy=True)
print(s_int)

# 原数据不会被影响
print(' 原字符串数据为：\n{},\n 转换后的整型为：\n{}'.format(s,s_int))
```

代码运行结果如下：

```
0    1
1    2
2    3
dtype: object
0    1
1    2
2    3
dtype: int64
原字符串数据为：
0    1
1    2
2    3
dtype: object,
转换后的整型为：
0    1
1    2
2    3
dtype: int64
```

可以看到，在进行类型转换时，若指定了 copy=True，则会创建一个新的 Series，包含转换后的数据，而原数据不会受到影响。在具体的数据分析应用中的示例代码如下：

```python
# 读取 csv 格式文件
df = pd.read_csv("iris_data.csv")
data_series = df['sepal length (cm)']
# 强制类型转换并保留原数据不变
data_series.astype(int,copy=True)
```

代码运行结果如下：

```
0    5
1    4
2    4
```

```
3    4
4    5
     ..
145  6
146  6
147  6
148  6
149  5
Name: sepal length (cm), Length: 150, dtype: int64
```

上述代码将强制转换 Series 的数据类型，在原来的数据中数据类型为 float64，而上述代码将数据类型转换为 int64。也可以使用前文讲解的 dtypes 查看转换后的数据类型，示例代码如下：

```
# 显示转换后的数据类型
data_series.astype(int,copy=True).dtypes
```

代码运行结果如下：

```
dtype('Int64')
```

（2）将 Series 转换为列表：pandas.Series.to_list()。示例代码如下：

```
# 将 Series 转换为列表
sel_list = data_series.to_list()
type(sel_list)
```

代码运行结果如下：

```
list
```

上述代码使用 type() 函数查看了对象的类型，将 Series 转换成了我们熟悉的列表。

（3）创建副本：pandas.Series.copy()。工作中有时需要对数据创建副本，便于处理数据，同时保留某一时刻的数据状态到副本中，也需要在不影响原来的数据的情况下修改副本内容。示例代码如下：

```
# 创建副本 pandas.Series.copy()
sel_copy = data_series.copy()
# 修改副本的某个数值
sel_copy[0] = 12.0
sel_copy
```

代码运行结果如下：

```
0    12.0
1    4.9
2    4.7
3    4.6
4    5.0
     ...
145  6.7
146  6.3
147  6.5
148  6.2
149  5.9
Name: sepal length (cm), Length: 150, dtype: float64
```

上述代码创建了一个副本，并将副本保存给 sel_copy，修改了副本的值后，并没有更改原来数据集的值。

（4）查看描述信息：pandas.Series.describe()。示例代码如下：

```
# 查看描述信息 pandas.Series.describe()
data_series.describe()
```

代码运行结果如下：

```
count   150.000000
mean      5.843333
std       0.828066
min       4.300000
25%       5.100000
50%       5.800000
75%       6.400000
max       7.900000
Name: sepal length (cm), dtype: float64
```

从运行结果中可以看出 describe() 方法中描述了数据的数目、均值、标准差、最小值、分位数以及最大值。

（5）常见的统计函数：pandas.Series.max() 等。示例代码如下：

```
# 计算最大值
se_max = data_series.max()
# 计算最小值
se_min = data_series.min()
# 计算标准差
se_std = data_series.std()
# 计算平均值
se_mean = data_series.mean()
print('data_series 的最大值为：',se_max)
print('data_series 的最小值为：',se_min)
print('data_series 的标准差为：',se_std)
print('data_series 的平均值为：',se_mean)
```

代码运行结果如下：

data_series 的最大值为： 7.9
data_series 的最小值为： 4.3
data_series 的标准差为： 0.828066127977863
data_series 的平均值为： 5.843333333333334

上述统计函数是常用来计算 Series 的统计值的方法，依次计算了最大值、最小值、标准差和平均值。

（6）返回唯一值：pandas.Series.unique() 等。对于一个包含重复值的 Series 对象 data_series，使用 unique() 方法可以返回包含所有唯一值的数组。示例代码如下：

```
# 查看唯一值
data_series.unique()
```

代码运行结果如下：

```
array([5.1, 4.9, 4.7, 4.6, 5. , 5.4, 4.4, 4.8, 4.3, 5.8, 5.7, 5.2, 5.5,
       4.5, 5.3, 7. , 6.4, 6.9, 6.5, 6.3, 6.6, 5.9, 6. , 6.1, 5.6, 6.7,
       6.2, 6.8, 7.1, 7.6, 7.3, 7.2, 7.7, 7.4, 7.9])
```

从上述运行结果中可以看到所有的唯一值，类似于 Python 中的集合数据类型中的元素特点。

（7）检测缺失值：pandas.Series.isna() 等。示例代码如下：

```
# 检测缺失值 pandas.Series.isna()
data_series.isna()
```

代码运行结果如下：

```
0      False
1      False
2      False
3      False
4      False
       ...
145    False
146    False
147    False
148    False
149    False
Name: sepal length (cm), Length: 150, dtype: bool
```

从上述运行结果中没有看到缺失值，接下来可以设置几个缺失值，如将前三个数据赋值为 None，设置缺失值的示例代码如下：

```
# 设置几个缺失值
data_series[0:3] = None
data_series
```

代码运行结果如下：

```
0      NaN
1      NaN
2      NaN
3      4.6
4      5.0
       ...
145    6.7
146    6.3
147    6.5
148    6.2
149    5.9
Name: sepal length (cm), Length: 150, dtype: float64
```

再来检测缺失值试试，示例代码如下：

```
# 检测缺失值
data_series.isna()
```

代码运行结果如下：

```
0      True
1      True
2      True
3      False
4      False
       ...
```

```
145    False
146    False
147    False
148    False
149    False
Name: sepal length (cm), Length: 150, dtype: bool
```

（8）分类并统计数目：pandas.Series.value_counts()。示例代码如下：

```
# 分类并统计数目 pandas.Series.value_counts()
data_series.isna().value_counts()
```

代码运行结果如下：

```
False    147
True      3
Name: sepal length (cm), dtype: int64
```

value_counts() 是一个非常好用的方法，该方法用来分类 Series 中的值，并统计个数。上述运行结果显示 False 个数为 147，True 个数为 3，表明数据中有 3 个缺失值。

以上介绍了 Series 的常用方法，可以利用某一数据进行上机练习，从而加深对每条命令的理解。常见的 Series 方法见表 4-1。

表 4-1　常见的 Series 方法

方法	作用
pandas.Series.to_numpy()	将 Series 保存为 array
pandas.Series.bool()	返回单个元素 Series 或 DataFrame 的布尔值
pandas.Series.get()	从对象中获取给定键的项（例如：DataFrame 列）
pandas.Series.keys()	返回索引的别名
pandas.Series.combine()	根据函数将序列与序列或标量组合
pandas.Series.round()	将序列中的每个值四舍五入到给定的小数位数
pandas.Series.apply()	对 Series 的值调用函数
pandas.Series.map()	根据输入映射或函数映射 Series 的值
pandas.Series.groupby()	使用映射器或按列系列对系列进行分组
pandas.Series.pipe()	应用需要 Series 或 DataFrames 的可链接函数
pandas.Series.any()	返回任何元素是否为 True（可能在轴上）
pandas.Series.corr()	计算与其他序列的相关性，不包括缺少的值
pandas.Series.count()	返回序列中非空（非 NA/NaN）元素的数量
pandas.Series.cov()	计算与序列的协方差，排除缺少的值
pandas.Series.describe()	生成描述性统计信息
pandas.Series.max()	返回请求轴上的最大值
pandas.Series.mean()	返回请求轴上值的平均值
pandas.Series.median()	返回请求轴上值的中位数
pandas.Series.min()	返回请求轴上的最小值
pandas.Series.std()	返回请求轴上的样本标准偏差
pandas.Series.sum()	返回请求轴上值的和

方法	作用
pandas.Series.unique()	返回 Series 对象的唯一值
pandas.Series.is_unique()	若对象中的值是唯一的，则返回布尔值
pandas.Series.drop()	返回删除了指定索引标签的序列
pandas.Series.rename()	更改序列索引标签或名称
pandas.Series.where()	替换条件为 False 的值
pandas.Series.filter()	基于给定的条件过滤 Series 中的元素
pandas.Series.fillna()	使用指定的方法填充空（NA/NaN）值
pandas.Series.isna()	检测缺少的值
pandas.Series.sort_index()	按索引标签对序列排序
pandas.Series.repeat()	重复序列的元素
pandas.Series.to_csv()	将对象写入逗号分隔值（.csv）文件
pandas.Series.to_excel()	将对象写入 Excel 工作表

3. 索引与切片

（1）索引。事实上，Series 的索引与切片仍然是方法的使用，但是由于索引和切片是数据分析最普遍的操作，因此单独进行内容梳理。

索引是获取 Series 的某一个数据；切片是获取特定位置的一个数据，与字符串的切片相同。索引的示例代码如下：

```
print(data_series[0])
print(data_series[5])
```

代码运行结果如下：

nan
5.4

上述就是最简单的索引，在用 Pandas 读入数据文件时，或者通过 Pandas.Series() 创建 Series 时，若不设置索引（行索引），则系统会自动按照从 0 开始的方法设置 Series 的整数索引，示例代码如下：

```
# 系统自动从 0 开始设置整数索引，查看索引
data_series.index
```

代码运行结果如下：

RangeIndex(start=0, stop=150, step=1)

运行结果显示行索引是从 0 开始到 150 的整数，不过一般习惯从 1 开始计数，现在重新设置索引从 1 开始，示例代码如下：

```
# 重新设置索引
list_index = [i for i in range(1,151)]
data_series.index = list_index
data_series.index
```

代码运行结果如下：

Int64Index([1, 2, 3, 4, 5, 6, 7, 8, 9, 10,

```
...
141, 142, 143, 144, 145, 146, 147, 148, 149, 150],
dtype='int64', length=150)
```

修改行索引后，再用 0 去索引第一个数据就会报错，示例代码如下：

```
# 索引 0 会报错
data_series[0]
```

关键报错信息如下：

```
# Similar to Index.get_value, but we do not fall back to positional
```

因为重新设置了索引，现在想要索引第一个数据，就要用 1 来索引，设置的这个索引称为显式索引，显式索引上面设置的是数字，也可以是中英文字符。而在系统内部仍存在从 0 开始的索引，称为隐式索引，可以通过 iloc() 方法来使用隐式索引。显示索引和隐式索引的示例代码如下：

```
# 索引第一个数据
# 默认为显式索引，没有显式索引则为隐式索引
print(data_series[1])
# loc 为显式索引
print(data_series.loc[1])
# iloc 为隐式索引
print(data_series.iloc[0])
```

运行结果如下：

```
nan
nan
nan
```

显式索引和隐式索引是非常重要的数据定位方法，也是数据操作的核心知识。在 Pandas 中可以没有显式索引，但一定有隐式索引，因为数据开始就被从 0 开始编号了，这个是系统做的，也一直存在，似乎是没被我们注意，隐藏在那里，所以称为隐式索引，其是基于整数编号的，"integer location" 整数定位就是这个意思，缩写为 iloc。为了有更明确的数据位置，我们自己定义的索引就被称为显式索引，缩写为 loc，这个索引被定义了，就是为了使用起来更加方便，多数都是显现的状态，也就是一个标签。这个概念不仅在 Series 中使用，也在 DataFrame 中使用。

在 Pandas 库中，loc 和 iloc 都是用于数据选择的方法，不同之处如下：

loc 是 location 的缩写，它基于标签进行选择，这意味着，当使用 loc 选择数据时，需要指定要选择的列的标签或行的标签。

iloc 是 integer location 的缩写，它基于整数位置进行选择，这意味着，当使用 iloc 选择数据时，需要指定要选择的列的整数位置或行的整数位置。

loc 和 iloc 都可以用于选择数据，但是 loc 基于标签进行选择，而 iloc 基于整数位置进行选择。

参考以下示例练习来加深理解，代码如下：

```
# 显式索引和隐式索引在 Series 中的应用
import pandas as pd
# 创建一个 Series
data = pd.Series([91, 92, 93, 94, 95], index=[' 语文 ', ' 数学 ', ' 英语 ', ' 体育 ', ' 信息 '])
```

```
print('Series 数据为：\n{}\n'.format(data))
# 使用 loc 选择单个元素
print(' 使用 loc 选择单个元素：\n{}\n'.format(data.loc[' 语文 ']))

# 使用 iloc 选择单个元素
print(' 使用 loc 选择单个元素：\n{}\n'.format(data.iloc[0]))

# 输出三科成绩
# 使用 loc 选择多个元素
print(' 使用 loc 选择多个元素：\n{}\n'.format(data.loc[[' 语文 ',' 体育 ',' 信息 ']]))

# 使用 iloc 选择多个元素
print(' 使用 iloc 选择多个元素：\n{}\n'.format(data.iloc[[0, 3, 4]]))
```

代码运行结果如下：

Series 数据为：
语文　91
数学　92
英语　93
体育　94
信息　95
dtype: int64

使用 loc 选择单个元素：
91

使用 loc 选择单个元素：
91

使用 loc 选择多个元素：
语文　91
体育　94
信息　95
dtype: int64

使用 iloc 选择多个元素：
语文　91
体育　94
信息　95
dtype: int64

以上代码和运行结果中需要注意，Series 是一维数据，在 loc 和 iloc 方法后面方括号中有一个位置，后面 DataFrame 数据则不同，其需要多个位置信息。

（2）切片。索引中介绍了显式索引和隐式索引，切片可以使用这两种索引方法。切片就是将数据切出来，可以理解为先索引定位随后取出数据，示例代码如下：

```
# 显式索引方式切片，左闭右闭
print(data_series.loc[1:5])
# 隐式索引方式切片，左闭右开
print(data_series.iloc[0:4])
```

代码运行结果如下：

1　NaN

```
2  NaN
3  NaN
4  4.6
5  5.0
Name: sepal length (cm), dtype: float64
1  NaN
2  NaN
3  NaN
4  4.6
Name: sepal length (cm), dtype: float64
```

从显示结果中可以看到显式索引方式切片是左闭右闭的，而隐式索引方式切片是左闭右开的。同字符串的切片相同，也可以从字符串尾部开始切片。

4.3.2　DataFrame 常见的属性与方法

通过前面的学习可知 DataFrame 就是一张表，下面演示读入存在缺失值的文件并显示前 10 行，可以看到的运行结果就代表一个 DataFrame。示例代码如下：

```
# Pandas 中的 DataFrame 可以理解为一张表
import pandas as pd
# 读取存在缺失值的文件
df = pd.read_csv("iris_nan.csv")
# 显示前 10 行
df.head(10)
```

代码运行结果如下：

	sepal length (cm)	sepal width (cm)	petal length (cm)	petal width (cm)	target
0	NaN	NaN	NaN	0.2	0
1	4.9	3.0	1.4	0.2	0
2	NaN	NaN	NaN	0.2	0
3	4.6	3.1	1.5	0.2	0
4	NaN	NaN	NaN	0.2	0
5	5.4	3.9	1.7	0.4	0
6	NaN	NaN	NaN	0.3	0
7	5.0	3.4	1.5	0.2	0
8	NaN	NaN	NaN	0.2	0
9	4.9	3.1	1.5	0.1	0

建立起这个 DataFrame 的形象概念，下面的属性和方法就好理解了。

1. 属性

（1）获取列索引 pandas.DataFrame.columns。前面详细介绍了常用的 Series 属性，Series 的属性也是 DataFrame 的属性，但是由于 DataFtame 不再是一维数据，因此有了一些独特的属性来定位，也就是列索引（列名称），该属性值通过 columns 获取，示例代码如下：

```
# 获取列索引 pandas.DataFrame.columns
df.columns
```

代码运行结果如下：

```
Index(['sepal length (cm)', 'sepal width (cm)', 'petal length (cm)', 'petal width (cm)', 'target'],
    dtype='object')
```

上述的列索引也就是数据集的列名称，在数据分析中称一个列名称为一个特征，称一行数据为一个样本。如上所示，鸢尾花数据集共有 5 列数据，称前 4 列的列名为 4 个特征，称最后一列的列名为标签，样本的多少即行数可以通过属性 index 获取。

（2）获取行索引 pandas.DataFrame.index。示例代码如下：

```
# 获取行索引 pandas.DataFrame.index
df.index
```

代码运行结果如下：

RangeIndex(start=0, stop=150, step=1)

可以看到这是系统设置的行索引，隐式索引从 0 到 150，步长为 1，左闭右开，共 150 个样本。

（3）获取形状 pandas.DataFrame.shape。整个数据的行和列是多大呢？也就是数据的形状是什么样呢？示例代码如下：

```
# 获取数据形状
df.shape
```

代码运行结果如下：

(150, 5)

可以看到鸢尾花数据集有 150 行、5 列，也就是 150 个样本、4 个特征和 1 个标签。

特征和标签在数据分析和机器学习中扮演不同的角色，特征是用于描述数据对象的各个方面的属性。在鸢尾花数据集中，特征包括花萼长度、花萼宽度、花瓣长度和花瓣宽度。这些特征反映了鸢尾花各个方面的特性，比如大小、形状等。标签则是对数据对象的分类或标识。在鸢尾花数据集中，标签是鸢尾花的类别，包括山鸢尾、变色鸢尾和维吉尼亚鸢尾，这些标签帮助我们识别鸢尾花的品种。简单来说，特征提供了数据对象的信息，而标签则提供了这些对象的类别或标识。对于机器学习和数据分析来说，特征和标签都是非常重要的元素。

有关 DataFrame 的其他属性见表 4-2，可以通过上机练习进行学习。

表 4-2 DataFrame 的其他属性

属性	作用
pandas.DataFrame.values	返回 DataFrame 的 Numpy 表示形式
pandas.DataFrame.axes	返回表示 DataFrame 轴的列表
pandas.DataFrame.ndim	返回一个 int 值，表示轴数 / 数组维数
pandas.DataFrame.size	返回一个 int 值，表示此对象中的元素数
pandas.DataFrame.empty	指示 Series/DataFrame 是否为空
pandas.DataFrame.dtypes	返回 DataFrame 中的数据类型

2. 方法

Series 的大部分方法也是 DataFrame 的方法。

（1）数据集简介：pandas.DataFrame.info()。示例代码如下：

```
# 数据集简介 pandas.DataFrame.info()
df.info()
```

代码运行结果如下：

```
<class 'pandas.core.frame.DataFrame'>
RangeIndex: 150 entries, 0 to 149
Data columns (total 5 columns):
 #   Column             Non-Null Count   Dtype
---  ------             --------------   -----
 0   sepal length (cm)  70 non-null      float64
 1   sepal width (cm)   70 non-null      float64
 2   petal length (cm)  70 non-null      float64
 3   petal width (cm)   150 non-null     float64
 4   target             150 non-null     int64
dtypes: float64(4), int64(1)
memory usage: 6.0 KB
```

可以看到，结果输出了数据集的类型、非空值的个数、行索引、列索引等信息。

（2）描述性统计信息：pandas.DataFrame.describe()。示例代码如下：

```
# 描述性统计信息：pandas.DataFrame.describe()
df.describe()
```

代码运行结果如下：

	sepal length (cm)	sepal width (cm)	petal length (cm)	petal width (cm)	target
count	70.000000	70.00000	70.000000	150.000000	150.000000
mean	5.780000	3.10000	3.492857	1.199333	1.000000
std	0.854757	0.42902	1.802279	0.762238	0.819232
min	4.400000	2.20000	1.000000	0.100000	0.000000
25%	5.000000	2.82500	1.500000	0.300000	0.000000
50%	5.700000	3.10000	4.000000	1.300000	1.000000
75%	6.300000	3.40000	4.800000	1.800000	2.000000
max	7.700000	4.20000	6.900000	2.500000	2.000000

desribe() 方法输出了数据集的统计信息，如每个特征的非空数目、均值、标准差、最小值、分位数、最大值信息，信息比 info() 方法的更加丰富。

（3）基于列数据类型返回 DataFrame 列的子集：pandas.DataFrame.select_dtypes()。示例代码如下：

```
# 基于列数据类型返回 DataFrame 列的子集：pandas.DataFrame.select_dtypes()
df1 = df.select_dtypes(include='int64')
df1
```

代码运行结果如下：

	target
0	0
1	0
2	0
3	0
4	0
...	...
145	2
146	2
147	2
148	2
149	2

150 rows × 1 columns

上述运行结果返回了数据类型为 int64 的子集，返回了标签列，这是因为只有标签是 int64 型的，而特征列是 float64 型的。

（4）替换条件为 False 的值：pandas.DataFrame.where()。示例代码如下：

```
# 显示数据前两行
df.head(2)
```

代码运行结果如下：

	sepal length (cm)	sepal width (cm)	petal length (cm)	petal width (cm)	target
0	NaN	NaN	NaN	0.2	0
1	4.9	3.0	1.4	0.2	0

替换一下看看，代码如下：

```
# 将值为 4.9 的数据替换为 5.0
df = df.where(df!=4.9,5.0)
# 显示数据前两行，查看替换结果
df.head(2)
```

代码运行结果如下：

	sepal length (cm)	sepal width (cm)	petal length (cm)	petal width (cm)	target
0	NaN	NaN	NaN	0.2	0
1	5.0	3.0	1.4	0.2	0

上述代码将 4.9 替换成了 5.0，但是条件写的是不等号，这是因为 where() 方法将条件为 False 的值修改了，也就是等于将 4.9 替换为 5.0。pandas.DataFrame.where() 是对数据进行修改的一个方法，也可以看成是一个函数，它用于替换满足某些条件的值。以下是一个例子，说明如何使用 where() 将 DataFrame 中满足某个条件的值替换为 False，首先，创建一个简单的 DataFrame，示例代码如下：

```
# 示例讲解 pandas.DataFrame.where()
import pandas as pd

# 创建一个 DataFrame
df_where = pd.DataFrame({
  'A': [1, 2, 3, 4, 5],
  'B': [5, 4, 3, 2, 1],
  'C': [1, 2, 3, 4, 5]
})

print(df_where)
```

代码运行结果如下：

```
  A B C
0 1 5 1
1 2 4 2
2 3 3 3
3 4 2 4
4 5 1 5
```

假设想要将 A 列中所有大于 3 的值替换为 9，可以这样做，示例代码如下：

```
# 将 A 列中所有大于 3 的值替换为 9
df_where['A'] = df_where['A'].where(df_where['A'] <= 3, 9)
print(df_where)
```

代码运行结果如下：

```
  A B C
0 1 5 1
1 2 4 2
2 3 3 3
3 9 2 4
4 9 1 5
```

在这个例子中，where() 函数检查 A 列中的每个值是否满足条件 df['A'] <= 3。若满足条件（即值小于或等于 3），则保持原值；否则（即值大于 3），将值替换为 9。pandas.DataFrame.where() 的语法格式如下：

```
DataFrame.where(cond, other=nan, inplace=False, axis=None, level=None, try_cast=False,
raise_on_error=None)
```

参数说明如下。

cond：条件，用于筛选需要替换的值。可以是布尔型 Series 或 DataFrame，或者一个标量值。若是一个标量值，则会在整个 DataFrame 中筛选出该值，并将其替换为 other 参数指定的值。

other：用于替换满足条件的值。可以是一个标量值或一个与 DataFrame 相同形状的 DataFrame 或 Series。默认值为 nan，表示将满足条件的值替换为 NaN。

inplace：是否原地修改 DataFrame。若为 True，则直接修改原始 DataFrame；若为 False，则返回一个新的 DataFrame。默认值为 False。

axis：指定轴的方向。若为 0 或未指定，则沿着行的方向进行操作；若为 1，则沿着列的方向进行操作。该参数仅在 cond 参数为标量值时有效。

level：用于指定 MultiIndex DataFrame 的级别。若指定了该参数，则仅在该级别上进行操作。该参数仅在 axis 参数为 1 时有效。

try_cast：是否尝试将 other 参数转换为与原始 DataFrame 相同的数据类型。若为 True，则尝试转换；若为 False，则保持 other 参数的数据类型不变。默认值为 False。

raise_on_error：是否在发生错误时引发异常。若为 True，则引发异常；若为 False，则忽略错误并继续执行。默认值为 None，表示使用 Pandas 的默认设置。

以上参数中，前两个是必须的，后面的参数可以省略使用默认值。这个函数不仅可以用在 DataFrame 上，也可以用在 Series 上。常用的为两个参数，一个是条件，另一个是替换值，可以理解为筛选出满足条件的，不满足条件的用某个值替换，并返回一个新的 DataFrame。这是一个结合索引使用的数据修改的方法，可以多加练习，便于以后对特定数据进行操作。

（5）按条件查询：pandas.DataFrame.query()。

query 作为动词有询问的意思，在计算机领域，query 被广泛用作查询命令，示例代码如下：

```
# 按条件查询：pandas.DataFrame.query()
df.query('target==1').shape
```

代码运行结果如下：

```
(50, 5)
```

target 中的 0、1、2 分别代表某一类鸢尾花，使用上述代码将 1 类鸢尾花的数据查询出来，并查看这个数据子集的形状。

（6）删除重复的行：pandas.DataFrame.drop_duplicates()。

duplicate 通常可以理解为原件的两份，这些在数据中就是重复的。示例代码如下：

```
# 删除重复的行：pandas.DataFrame.drop_duplicates()
df.drop_duplicates().shape
```

代码运行结果如下：

(95, 5)

用上述代码删除重复的行之后，数据集的形状变为 95，原数据集是 150，也就是重复值有 55 个。如果与原数据比较没有编号，那么表示没有两行是重复的。下面通过一个示例来具体讲解，先创建一个包含重复数据的 DataFrame，示例代码如下：

```
# drop_duplicates() 函数的使用
import pandas as pd

# 创建一个包括重复行的 DataFrame
data = {
    '姓名': [' 张三 ',' 李四 ',' 王五 ',' 张三 ',' 王五 '],
    '年龄': [20, 21, 18, 20, 19]
}

df_duplicates = pd.DataFrame(data)
print(" 原始 DataFrame： ")
print(df_duplicates)
```

代码运行结果如下：

原始 DataFrame：

```
   姓名 年龄
0 张三  20
1 李四  21
2 王五  18
3 张三  20
4 王五  19
```

从结果中可以看到这个 DataFrame 有两列（姓名和年龄），其中有几行是重复的。接下来，使用 drop_duplicates() 函数删除这些重复的行，并将结果赋值给新的 DataFrame，示例代码如下：

```
# 删除重复的行，并赋值给新 DataFrame
df_no_duplicates = df_duplicates.drop_duplicates()
print(" 无重复行的 DataFrame： ")
print(df_no_duplicates)
```

代码运行结果如下：

无重复行的 DataFrame：

```
   姓名 年龄
0 张三  20
1 李四  21
2 王五  18
4 王五  19
```

由运行结果可以看到，drop_duplicates() 函数默认会考虑所有列。也就是说，只有当两行的所有列都相同时，才会被认为是重复的行。如果只想基于特定的列来删除重复的行，可以将这些列的名字作为参数传递给 drop_duplicates() 函数，示例代码如下：

```
# 删除某列有重复的行数据
df_no_duplicates = df_duplicates.drop_duplicates(subset=' 姓名 ')
print("Name 无重复的 DataFrame： ")
print(df_no_duplicates)
```

代码运行结果如下：

```
Name 无重复的 DataFrame：
  姓名 年龄
0 张三  20
1 李四  21
2 王五  18
```

只保留了一个王五的数据，另一个同名的王五被删除了。

（7）缺失值处理。在数据分析中，对缺失值、异常值等脏数据进行处理是数据预处理的第一步，而面对缺失值有很多处理方法，如删除带有缺失值的整行，插补缺失值等，Pandas 提供了删除缺失值以及插补缺失值的方法。删除缺失值的示例代码如下：

```
import pandas as pd
# 读取存在缺失值的文件
df = pd.read_csv("iris_nan.csv")
# 删除缺失值
df.dropna().shape
```

代码运行结果如下：

```
(70, 5)
```

以上代码删除了缺失值所在的整行，因此数据集从 150 个样本，变为了 70 个样本，这种删除整行的方法的缺点也就显而易见了，减少了数据集的样本数，让本来就很少的样本数变得更少，不利于数据的分析、模型的训练，可能造成欠拟合等问题。

除了上述删除缺失值的方法之外，还可以对缺失值用不同的方法进行插补，如用众数、中位数、平均值等进行插补，当然也可以采用函数计算出插补值，如用拉格朗日插值、埃米尔插值等方法。

以使用每列的平均值插补为例，用循环进行数据操作，代码如下：

```
# 平均值插补每列
# 循环分析每列
for i in range(len(df.columns)):
# 用平均值填充到缺失值位置
    df[df.columns[i]].fillna(df.mean()[i],inplace=True)
# 显示数据简介
df.info()
```

代码运行结果如下：

```
<class 'pandas.core.frame.DataFrame'>
RangeIndex: 150 entries, 0 to 149
Data columns (total 5 columns):
 # Column         Non-Null Count Dtype
 --- ------        ------------- -----
 0 sepal length (cm) 150 non-null  float64
```

```
1   sepal width (cm)   150 non-null   float64
2   petal length (cm)  150 non-null   float64
3   petal width (cm)   150 non-null   float64
4   target             150 non-null   int64
dtypes: float64(4), int64(1)
memory usage: 6.0 KB
```

可以看到，数据形状没有变小。上述代码使用平均值插补缺失值，思路是使用 mean() 方法计算每列的平均值，再利用 for 循环填充每列的缺失值，最后使用 info() 方法查看是否插补完成；根据输出结果，可以看到已经不存在缺失值了。

如果数据量很大，删除一部分不影响数据分析结果，或者影响很小，那么可以在删除缺失值后赋值给新的 DataFrame 进行数据分析，示例代码如下：

```
# 删除缺失值后赋值给新数据
df_no_missing = df.dropna()
# 没有缺失值 DataFrame
df_no_missing
```

代码运行结果如下：

	sepal length (cm)	sepal width (cm)	petal length (cm)	petal width (cm)	target
0	5.78	3.1	3.492857	0.2	0
1	4.90	3.0	1.400000	0.2	0
2	5.78	3.1	3.492857	0.2	0
3	4.60	3.1	1.500000	0.2	0
4	5.78	3.1	3.492857	0.2	0
...	...	...	...	...	...
145	5.78	3.1	3.492857	2.3	2
146	5.78	3.1	3.492857	1.9	2
147	5.78	3.1	3.492857	2.0	2
148	6.20	3.4	5.400000	2.3	2
149	5.78	3.1	3.492857	1.8	2

150 rows × 5 columns

（8）相关性分析：pandas.DataFrame.corr()。

相关性分析是查看每列之间是否存在线性的相关性，当相关性大于 0.7 时，一般认为存在很强的线性相关性。corr 是 correlation（相关性）的简写。相关性分析的示例代码如下：

```
# 相关性分析 pandas.DataFrame.corr()
df.corr()
```

代码运行结果如下：

	sepal length (cm)	sepal width (cm)	petal length (cm)	petal width (cm)	target
sepal length (cm)	1.000000	-0.218158	0.870501	0.570859	0.534074
sepal width (cm)	-0.218158	1.000000	-0.493517	-0.285303	-0.336728
petal length (cm)	0.870501	-0.493517	1.000000	0.671194	0.647496
petal width (cm)	0.570859	-0.285303	0.671194	1.000000	0.956547
target	0.534074	-0.336728	0.647496	0.956547	1.000000

上述代码使用 corr() 方法查看各列之间的相关性，可以看到对角线元素是 1，代码每个特征自身和自身是完全线性相关的，矩阵的最后一列中除去 1 后最大的为 0.956547，也就是说，花瓣的宽度 petal_width(cm) 和鸢尾花类别的相关性最高。

在数据分析所用的数据中，要求特征之间的相关性要低，否则会造成多重共线性，而要求特征与标签之间的相关性要高。

有关 Pandas 中的 DataFrame 类型的方法有很多，表 4-3 列出了常用方法及其作用，读者可以上机操作实验练习，巩固学习的内容，具体方法的详情请参考官方文档。

表 4-3　Pandas 中的 DataFrame 类型的常用方法及其作用

方法	作用
pandas.DataFrame.copy()	复制此对象的索引和数据
pandas.DataFrame.select_dtypes()	基于列数据类型返回 DataFrame 列的子集
pandas.DataFrame.bool()	返回单个元素 Series 或 DataFrame 的布尔值
pandas.DataFrame.head(n)	返回前 n 行
pandas.DataFrame.loc()	通过标签或布尔数组访问一组行和列
pandas.DataFrame.iloc()	基于位置的纯整数索引，用于按位置选择
pandas.DataFrame.pop	返回项目并从框架中放置。如果未找到，则引发 KeyError
pandas.DataFrame.tail(n)	返回最后的 n 行
pandas.DataFrame.where()	替换条件为 False 的值
pandas.DataFrame.mask()	替换条件为 True 的值
pandas.DataFrame.query()	使用布尔表达式查询 DataFrame 的列
pandas.DataFrame.add()	获取数据帧和其他元素的 Addition（二进制运算符 add）
pandas.DataFrame.sub()	获取数据帧和其他元素的减法（二进制运算符 sub）
pandas.DataFrame.apply()	沿 DataFrame 的轴应用函数
pandas.DataFrame.pipe()	应用需要 Series 或 DataFrames 的可链接函数
pandas.DataFrame.groupby()	使用映射器或一系列列对 DataFrame 进行分组
pandas.DataFrame.rolling()	提供滚动窗口计算
pandas.DataFrame.any()	返回任何元素是否为 True（可能在轴上）
pandas.DataFrame.corr()	计算列的成对相关性，不包括空值（NA/NaN）
pandas.DataFrame.count()	统计每列或每行的非空（非 NA/NaN）单元格
pandas.DataFrame.duplicated()	返回表示重复行的布尔序列
pandas.DataFrame.drop_duplicates()	返回删除了重复行的 DataFrame
pandas.DataFrame.drop()	从行或列中删除指定的标签
pandas.DataFrame.filter()	基于给定的条件过滤 DataFrame 中的元素
pandas.DataFrame.reset_index()	重置索引或其级别
pandas.DataFrame.dropna	删除缺少的值
pandas.DataFrame.fillna	使用指定的方法填充空（NA/NaN）值
pandas.DataFrame.replace	将 to_Replace 中给定的值替换为 value

3. 索引和切片

表 4-3 中列出了 loc() 和 iloc()，DataFrame 的索引和切片与 Series 的索引和切片方法相同，都是使用 loc() 方法和 iloc() 方法。索引是数据操作的关键，也就是在二维表格中进行数据定位，下面进行示例讲解。

（1）索引。下面分别用显式索引和隐式索引进行数据定位，示例代码如下：

```
# 获取第 1 行第 1 列的数据
# 显式索引
print(df.loc[0,'sepal length (cm)'])
# 隐式索引
print(df.iloc[0,0])
```

代码运行结果如下：

5.779999999999999
5.779999999999999

在 Pandas 的 DataFrame 中，索引可以是显式的，也可以是隐式的。显式索引是用户自定义的，可以是任何不可变的 Python 对象，如整数、字符串等。而隐式索引则是由 Pandas 自动创建的，是从 0 开始的默认整数索引。显式索引和隐式索引的示例代码如下：

```
# DateFrame 的显式索引和隐式索引
import pandas as pd

# 创建一个具有隐式索引的 DataFrame
df_implicit = pd.DataFrame({'A': [1, 2, 3], 'B': [4, 5, 6]})
print(" 隐式索引 DataFrame： ")
print(df_implicit)

# 创建一个具有显式索引的 DataFrame
index = ['Row_1', 'Row_2', 'Row_3']
df_explicit = pd.DataFrame({'A': [1, 2, 3], 'B': [4, 5, 6]}, index=index)
print("\n 显式索引 DataFrame： ")
print(df_explicit)
```

代码运行结果如下：

隐式索引 DataFrame:
```
   A  B
0  1  4
1  2  5
2  3  6
```

显式索引 DataFrame:
```
       A  B
Row_1  1  4
Row_2  2  5
Row_3  3  6
```

在这个例子中，df_implicit 是具有隐式索引的 DataFrame，它的索引是默认的整数索引。而 df_explicit 是具有显式索引的 DataFrame，它的索引是自定义的字符串列表。可以使用 reset_index() 方法将显式索引转换为隐式索引，也可以使用 set_index() 方法将某一列设置为索引。示例代码如下：

```
# 将显式索引转换为隐式索引
df_implicit = df_explicit.reset_index()
print("\n 将显式索引转换为隐式索引： ")
print(df_implicit)
```

```
# 将某一列设置为索引
df_explicit = df_implicit.set_index('A')
print("\n 将 A 列设置为索引：")
print(df_explicit)
```

代码运行结果如下：

将显式索引转换为隐式索引：

```
  index A B
0 Row_1 1 4
1 Row_2 2 5
2 Row_3 3 6
```

将某一列设置为索引：

```
  index  B
A
1 Row_1 4
2 Row_2 5
3 Row_3 6
```

在这个例子中，reset_index() 方法将 df_explicit 的显式索引转换为隐式索引，并创建了一个新列 index，这个列包含了原来的索引值。然后，set_index('index') 方法将 A 列设置为新的显式索引，创建了新的 df_explicit。

（2）切片。切片可获取一列或者多列数据，若获取的为一列数据，则数据类型为 Series，若获取的为多列数据，则数据类型为 DataFrame，示例代码如下：

```
# 一列数据的切片操作
# 输出这列数据的数据类型
print(type(df['sepal length (cm)']))
# 显示这列数据
df['sepal length (cm)']
```

代码运行结果如下：

```
<class 'pandas.core.series.Series'>
0    5.78
1    4.90
2    5.78
3    4.60
4    5.78
      ...
145  5.78
146  5.78
147  5.78
148  6.20
149  5.78
Name: sepal length (cm), Length: 150, dtype: float64
```

根据输出的内容，可以看到数据类型是 Series，只获取了第一列数据。下面代码为切片出多列数据，此处的 DataFrame 对象可以使用 loc 或 iloc 属性来进行行和列的切片操作，先进行列的切片操作。示例代码如下：

```
# 多列数据的切片操作
# 输出多列数据的数据类型
print(type(df.loc[:,['sepal length (cm)','sepal width (cm)']]))
```

```
# 显示多列数据
df.loc[:,['sepal length (cm)','sepal width (cm)']]
```

代码运行结果如下：

```
<class 'pandas.core.frame.DataFrame'>
         sepal length (cm)        sepal width (cm)
0            5.78                    3.1
1            4.90                    3.0
2            5.78                    3.1
3            4.60                    3.1
4            5.78                    3.1
...          ...                     ...
145          5.78                    3.1
146          5.78                    3.1
147          5.78                    3.1
148          6.20                    3.4
149          5.78                    3.1
150 rows × 2 columns
```

上述代码返回了前两列数据，数据类型为 DataFrame，其使用的是显式索引，当然也可以使用隐式索引得到同样的结果。在 Pandas 中，可以通过使用显式索引（即标签索引）和隐式索引（即整数索引）来定位 DataFrame 中的任意位置的数据。示例代码及运行结果如下：

```
# 显式索引定位到第 4 行 sepal length (cm) 列的数据
df.loc[3,'sepal length (cm)']
```

4.6

```
# 隐式索引定位到第 4 行第 1 列的数据
df.iloc[3,0]
```

4.6

4.4　Pandas 的高级操作

以下是 Pandas 的高级操作：

● 分组和聚合数据（Grouping and Aggregating Data）。

● 重塑数据（Reshaping Data）。

● 合并数据（Merging Data）。

● 通过索引进行选择、切片和过滤（Selection, Slicing, and Filtering by Index）。

● 处理缺失数据（Handling Missing Data）。

● 日期和时间数据（Date and Time Data）。

● 处理文本数据（Text Data Processing）。

也可以通过对应版本的 Pandas 官方文档来深入了解这些高级操作。

Pandas 的高级操作

4.4.1　Pandas 的高级操作简介

（1）分组和聚合数据：创建一个名为 grouped 的分组对象，该对象将数据框按照 category 列进行分组；对每组的 value 列应用 mean() 和 std() 聚合函数，得到一个名为

result 的数据框。示例代码如下：

```
# 根据类别分组并计算每组的平均值和标准差
grouped = df.groupby('category')
result = grouped.agg({'value': ['mean', 'std']})
```

（2）重塑数据：使用 melt() 函数将原始数据框中的列转换为行，并指定 id_vars 参数为 ['id', 'name']，即保留 id 和 name 列；指定 var_name 参数为 'variable'，value_name 参数为 'value'，即将原始数据框的列名转换为 variable 和 value。示例代码如下：

```
# 将列转换为行
df_new = df.melt(id_vars=['id', 'name'], var_name='variable', value_name='value')
```

（3）合并数据：使用 merge() 函数将两个数据框 df1 和 df2 按照 key 列进行合并，并将结果存储在一个名为 merged_df 的新数据框中。示例代码如下：

```
# 合并两个 DataFrame
merged_df = pd.merge(df1, df2, on='key')
```

（4）通过索引进行选择、切片和过滤：使用 loc 属性选择单个行或切片。还可以使用布尔索引过滤行，例如，在上面的示例中，使用 df['column_name'] > 0 创建一个布尔索引来选择 column_name 列中大于 0 的行。示例代码如下：

```
# 选择行
df.loc['row_label']
# 切片
df.loc['start_label':'end_label']
# 过滤
df[df['column_name'] > 0]
```

（5）处理缺失数据：使用 dropna() 函数删除包含缺失值的行，或使用 fillna() 函数用中位数填充缺失值。示例代码如下：

```
# 删除包含缺失值的行
df.dropna()
# 用中位数填充缺失值
df.fillna(df.median())
```

（6）日期和时间数据：使用 to_datetime() 函数将字符串类型的日期转换为日期时间类型，并将结果存储在一个名为 date 的新列中；使用 dt 属性提取 year 和 month 信息，并将结果存储在名为 year 和 month 的新列中。示例代码如下：

```
# 将字符串转换为日期时间对象
df['date'] = pd.to_datetime(df['date_string'])
# 提取日期时间信息
df['year'] = df['date'].dt.year
df['month'] = df['date'].dt.month
```

（7）处理文本数据：使用 str 属性将字符串转换为小写，并使用 extract() 函数提取包含数字的子字符串，将结果存储在一个名为 new_column 的新列中。示例代码如下：

```
# 将字符串转换为小写
df['column_name'] = df['column_name'].str.lower()
# 提取子字符串
df['new_column'] = df['column_name'].str.extract('(\\d+)')
```

在使用这些高级操作时，可以参考 Pandas 官方文档获取更多详细信息。

4.4.2　Pandas 数据分析案例 1

从创建数据到各个常用操作和高级操作，以下是用 Pandas 进行数据处理的案例，代码如下：

```python
# Pandas 处理数据完整案例代码
import pandas as pd

# 创建一个 DataFrame
data = {
    'name': ['Alice', 'Bob', 'Charlie', 'David'],
    'age': [25, 30, 35, 40],
    'gender': ['female', 'male', 'male', 'male']
}
df = pd.DataFrame(data)

# 查看 DataFrame
print('Initial DataFrame:')
print(df)

# 对 DataFrame 进行增、删、改、查等操作
df.loc[2, 'name'] = 'Chris'            # 修改第 3 行的姓名
df = df.drop(1)                        # 删除第 2 行
df = df[df['age'] > 30]                # 筛选年龄大于 30 岁的人
df = df[['name', 'gender']]            # 只选择姓名和性别两列
df = df.sort_values(by='name')         # 按姓名进行排序
df = df.reset_index(drop=True)         # 重置索引
print('Modified DataFrame:')
print(df)

# 使用聚合函数对 DataFrame 进行聚合操作
data = {
    'name': ['Alice', 'Bob', 'Charlie', 'David'],
    'age': [25, 30, 35, 40],
    'gender': ['female', 'male', 'male', 'male']
}
df = pd.DataFrame(data)
grouped = df.groupby('gender')
print('Grouped by gender:')
print(grouped.mean())  # 计算每个性别的平均年龄

# 使用 merge 函数将两个 DataFrame 合并成一个
data1 = {
    'name': ['Alice', 'Bob', 'Charlie', 'David'],
    'age': [25, 30, 35, 40],
    'gender': ['female', 'male', 'male', 'male']
}
df1 = pd.DataFrame(data1)
data2 = {
    'name': ['Alice', 'Bob', 'Charlie', 'David'],
    'salary': [5000, 6000, 7000, 8000],
    'email': ['alice@example.com', 'bob@example.com', 'charlie@example.com', 'david@example.com']
```

```
}
df2 = pd.DataFrame(data2)
merged = pd.merge(df1, df2, on='name')
print('Merged DataFrame:')
print(merged)

# 使用 groupby 函数对 DataFrame 进行分组
data = {
    'name': ['Alice', 'Bob', 'Charlie', 'David'],
    'age': [25, 30, 35, 40],
    'gender': ['female', 'male', 'male', 'male']
}
df = pd.DataFrame(data)
grouped = df.groupby('gender')
print('Grouped by gender:')
for name, group in grouped:
    print(name)
    print(group)
```

代码运行结果如下：

Initial DataFrame:
```
    name  age  gender
0   Alice  25  female
1   Bob    30  male
2   Charlie 35  male
3   David  40  male
```
Modified DataFrame:
```
    name gender
0   Chris  male
1   David  male
```
Grouped by gender:
```
        age
gender
female  25
male    35
```
Merged DataFrame:
```
    name  age  gender  salary        email
0   Alice  25  female  5000   alice@example.com
1   Bob    30  male    6000   bob@example.com
2   Charlie 35  male   7000   charlie@example.com
3   David  40  male    8000   david@example.com
```
Grouped by gender:
```
female
    name  age  gender
0   Alice  25  female
male
    name  age gender
1   Bob    30  male
2   Charlie 35  male
3   David  40  male
```

　　在本案例中，也可以修改代码，将英文数据换成中文数据，以熟悉 Pandas 数据处理的常用操作，详细的内容可以查找资料或者官方注释。

4.4.3 Pandas 数据分析案例 2

下面用 Pandas 分析一个药品销售数据，对数据进行清洗和可视化展示，并对数据价值进行一定的挖掘，从这个案例中体会数据分析从小工程到大工程的过程，提升数据分析的能力。

1. 读取药品销售数据，并进行数据清洗

读取数据文件信息并赋值给 df，显示前 10 行数据，示例代码如下：

```
# 读取数据文件并查看前 10 行数据
import pandas as pd
df = pd.read_excel("2018 年药品销售数据 .xlsx")
df.head(10)
```

代码运行结果如下：

	购药时间	社保卡号	商品编码	商品名称	销售数量	应收金额	实收金额
0	2018-01-01 星期五	1.616528e+06	236701.0	强力 VC 银翘片	6.0	82.8	69.00
1	2018-01-02 星期六	1.616528e+06	236701.0	清热解毒口服液	1.0	28.0	24.64
2	2018-01-06 星期三	1.260283e+07	236701.0	某康复方氨酚烷胺片	2.0	16.8	15.00
3	2018-01-11 星期一	1.007034e+10	236701.0	某某感冒灵	1.0	28.0	28.00
4	2018-01-15 星期五	1.015543e+08	236701.0	某某感冒灵	8.0	224.0	208.00
5	2018-01-20 星期三	1.338953e+07	236701.0	某某感冒灵	1.0	28.0	28.00
6	2018-01-31 星期日	1.014649e+08	236701.0	某某感冒灵	2.0	56.0	56.00
7	2018-02-17 星期三	1.117733e+07	236701.0	某某感冒灵	5.0	149.0	131.12
8	2018-02-22 星期一	1.006569e+10	236701.0	某某感冒灵	1.0	29.8	26.22
9	2018-02-24 星期三	1.338953e+07	236701.0	某某感冒灵	4.0	119.2	104.89

在该数据集中，社保卡号和商品编码是字符串。而在读入时读成了数值，因此在读入数据时，需要加上 converters 关键词来控制格式，示例代码如下：

```
df = pd.read_excel("2018 年药品销售数据 .xlsx",converters={' 社保卡号 ':str,' 商品编码 ':str})
df.head(10)
```

代码运行结果如下：

	购药时间	社保卡号	商品编码	商品名称	销售数量	应收金额	实收金额
0	2018-01-01 星期五	001616528	236701	强力 VC 银翘片	6.0	82.8	69.00
1	2018-01-02 星期六	001616528	236701	清热解毒口服液	1.0	28.0	24.64
2	2018-01-06 星期三	0012602828	236701	某康复方氨酚烷胺片	2.0	16.8	15.00
3	2018-01-11 星期一	0010070343428	236701	某某感冒灵	1.0	28.0	28.00
4	2018-01-15 星期五	00101554328	236701	某某感冒灵	8.0	224.0	208.00
5	2018-01-20 星期三	0013389528	236701	某某感冒灵	1.0	28.0	28.00
6	2018-01-31 星期日	00101464928	236701	某某感冒灵	2.0	56.0	56.00
7	2018-02-17 星期三	0011177328	236701	某某感冒灵	5.0	149.0	131.12
8	2018-02-22 星期一	0010065687828	236701	某某感冒灵	1.0	29.8	26.22
9	2018-02-24 星期三	0013389528	236701	某某感冒灵	4.0	119.2	104.89

再查看一下数据集的信息简介，示例代码如下：

```
# 查看数据集的信息
df.info()
```

代码运行结果如下：

```
<class 'pandas.core.frame.DataFrame'>
RangeIndex: 6578 entries, 0 to 6577
Data columns (total 7 columns):
```

```
#   Column   Non-Null Count  Dtype
---  ------   --------------  -----
0   购药时间    6576 non-null   object
1   社保卡号    6576 non-null   object
2   商品编码    6577 non-null   object
3   商品名称    6577 non-null   object
4   销售数量    6577 non-null   float64
5   应收金额    6577 non-null   float64
6   实收金额    6577 non-null   float64
dtypes: float64(3), object(4)
memory usage: 359.9+ KB
```

上述 info() 方法输出了该数据集的描述信息，共有 6578 个样本（6578 行），7 个特征（7列）。也可以得到数据集的列名（column），非空的数量（Non-Null Count）以及数据类型。可以看到，在该数据集中，购药时间和社保卡号各自存在 2 个缺失值，而其他的特征均存在一个缺失值。

来看一下数据集的统计信息，示例代码如下：

```
# 查看数据集的统计信息
df.describe()
```

代码运行结果如下：

	销售数量	应收金额	实收金额
count	6577.000000	6577.000000	6577.000000
mean	2.386194	50.473803	46.317510
std	2.375202	87.595925	80.976702
min	-10.000000	-374.000000	-374.000000
25%	1.000000	14.000000	12.320000
50%	2.000000	28.000000	26.600000
75%	2.000000	59.600000	53.000000
max	50.000000	2950.000000	2650.000000

describe() 方法能够打印数据集中数据类型为数值型特征的部分统计量，如均值、标准差、最大值、最小值、上四分位数、下四分位数、中位数等。

（1）缺失值处理。由于该数据集中缺失值很少，因此可以删除存在缺失值的样本（删除存在缺失值的行），示例代码如下：

```
# 创建数据副本保存删除缺失值前的数据集
df1 = df.copy() # 创建数据副本
print(f" 删除缺失值前数据集的大小：{df1.shape}")
df1 = df1.dropna(axis=0,how="any")
print(f" 删除缺失值后数据集的大小：{df1.shape}")
```

代码运行结果如下：

删除缺失值前数据集的大小：(6578, 7)
删除缺失值后数据集的大小：(6575, 7)

dropna() 方法用于删除空值，axis=0 表示按照行删除，how="any" 表示某一行只要存在 1 个空值就删除该行。读者可以进行其他操作，标准语法格式如下：

```
DataFrame.dropna(axis=0, how='any', thresh=None, subset=None, inplace=False)
```

参数说明见表 4-4。

表 4-4 参数说明

参数名称	参数取值	含义
axis	0 或者 1，默认 0	0 表示按行删除，1 表示按列删除
how	any 或者 all	any 表示只要存在 1 个空值就删除，all 表示删除空行或空列
thresh	int，可选参数	指定存在多少个空值时删除该行或者该列
subset	array，可选参数	在选择的子集中删除
inplace	bool	如果为真，执行 inplace 操作，默认 False

（2）异常值处理。通过 describe() 方法发现销售数量的最小值是 -10，根据常识，销售数量不能为负。因此小于 0 的销售数量是异常值。示例代码如下：

```
# 删除销售数量为负的数据
print(f" 删除异常值前数据集的大小：{df1.shape}")
df1 = df1[df1[" 销售数量 "]>=0]
print(f" 删除异常值后数据集的大小：{df1.shape}")
```

代码运行结果如下：

删除异常值前数据集的大小：(6575, 7)
删除异常值后数据集的大小：(6559, 7)

查看数据集中是否存在缺失值，示例代码如下：

```
# 查看数据集中是否存在缺失值
df1.isnull().any()
```

代码运行结果如下：

购药时间　False
社保卡号　False
商品编码　False
商品名称　False
销售数量　False
应收金额　False
实收金额　False
dtype: bool

如上显示，该数据集中存在的缺失值和异常值已经处理完成。在数据集中，购药时间这个特征中既有日期，又有星期，在数据处理中，我们更需要日期这个特征，因此将对该列进行处理。示例代码如下：

```
# 保留购药日期
date = []
for i in df1[" 购药时间 "]:
    date.append(i[0:10])
df1[" 购药时间 "] = date
df1.head(10)
```

代码运行结果如下：

	购药时间	社保卡号	商品编码	商品名称	销售数量	应收金额	实收金额
0	2018-01-01	001616528	236701	强力 VC 银翘片	6.0	82.8	69.00
1	2018-01-02	001616528	236701	清热解毒口服液	1.0	28.0	24.64
2	2018-01-06	0012602828	236701	某康复方氨酚烷胺片	2.0	16.8	15.00
3	2018-01-11	0010070343428	236701	某某感冒灵	1.0	28.0	28.00

4	2018-01-15	00101554328	236701	某某感冒灵	8.0	224.0	208.00
5	2018-01-20	0013389528	236701	某某感冒灵	1.0	28.0	28.00
6	2018-01-31	00101464928	236701	某某感冒灵	2.0	56.0	56.00
7	2018-02-17	0011177328	236701	某某感冒灵	5.0	149.0	131.12
8	2018-02-22	0010065687828	236701	某某感冒灵	1.0	29.8	26.22
9	2018-02-24	0013389528	236701	某某感冒灵	4.0	119.2	104.89

运行结果保留了用户购药日期，在 Pandas 中，特殊的数据类型可以极大地简化代码的操作，如时间戳，下面进行数据类型的转换，示例代码如下：

```
# 查看各个特征的数据类型
df1.info()
```

代码运行结果如下：

```
<class 'pandas.core.frame.DataFrame'>
Int64Index: 6559 entries, 0 to 6577
Data columns (total 7 columns):
 #  Column  Non-Null Count  Dtype
---  ------  --------------  -----
 0  购药时间  6559 non-null  object
 1  社保卡号  6559 non-null  object
 2  商品编码  6559 non-null  object
 3  商品名称  6559 non-null  object
 4  销售数量  6559 non-null  float64
 5  应收金额  6559 non-null  float64
 6  实收金额  6559 non-null  float64
dtypes: float64(3), object(4)
memory usage: 409.9+ KB
```

如上所示，购药时间应该转换为时间戳，示例代码如下：

```
# 转换日期的数据类型
date_ser = pd.to_datetime(df1[" 购药时间 "],format="%Y-%m-%d",errors='coerce')
df1[" 购药时间 "] = date_ser
df1.head(10)
```

代码运行结果如下：

	购药时间	社保卡号	商品编码	商品名称	销售数量	应收金额	实收金额
0	2018-01-01	001616528	236701	强力 VC 银翘片	6.0	82.8	69.00
1	2018-01-02	001616528	236701	清热解毒口服液	1.0	28.0	24.64
2	2018-01-06	0012602828	236701	某康复方氨酚烷胺片	2.0	16.8	15.00
3	2018-01-11	0010070343428	236701	某某感冒灵	1.0	28.0	28.00
4	2018-01-15	00101554328	236701	某某感冒灵	8.0	224.0	208.00
5	2018-01-20	0013389528	236701	某某感冒灵	1.0	28.0	28.00
6	2018-01-31	00101464928	236701	某某感冒灵	2.0	56.0	56.00
7	2018-02-17	0011177328	236701	某某感冒灵	5.0	149.0	131.12
8	2018-02-22	0010065687828	236701	某某感冒灵	1.0	29.8	26.22
9	2018-02-24	0013389528	236701	某某感冒灵	4.0	119.2	104.89

查看一下购药时间一列是不是已经成了时间戳，示例代码如下：

```
# 查看数据类型
print(type(df1[" 购药时间 "][0]))
```

代码运行结果如下：

```
<class 'pandas._libs.tslibs.timestamps.Timestamp'>
```

查看数据类型，示例代码如下：

```
# 查看数据类型
df1.dtypes
```

代码运行结果如下：

购药时间	datetime64[ns]
社保卡号	object
商品编码	object
商品名称	object
销售数量	float64
应收金额	float64
实收金额	float64

dtype: object

上述代码将数据类型转换为了规范的数据类型，检查是否存在缺失值，示例代码如下：

```
# 查看数据集中是否存在缺失值
df1.isnull().any()
```

代码运行结果如下：

购药时间	True
社保卡号	False
商品编码	False
商品名称	False
销售数量	False
应收金额	False
实收金额	False

dtype: bool

在运行结果中发现购药时间是存在缺失值的，造成购药时间缺失的主要原因是 2018 年 2 月不存在 29 号，因此将缺失值删除。示例代码如下：

```
print(f" 删除缺失值前数据集的大小：{df1.shape}")
df1 = df1.dropna(axis=0,how="any")
print(f" 删除缺失值后数据集的大小：{df1.shape}")
```

代码运行结果如下：

删除缺失值前数据集的大小：(6559, 7)
删除缺失值后数据集的大小：(6536, 7)

本案例有些具体的特殊操作，到此对该数据集的数据清洗工作已经完成。下面可以进行数据分析了。

2. 数据分析

在进行数据分析之前，需要先明确目标。在这个药品销售的数据分析中，目标是知道总销售额、月销售额、销售量前三的药品以及销售趋势、共有多少位客户等。

总销售额为对实收金额进行求和，示例代码如下：

```
print(f" 总销售额为：{df1[' 实收金额 '].sum()} 元 ")
```

代码运行结果如下：

总销售额为：304034.97 元

统计各个月份的销售额，示例代码如下：

```
# 统计月份
```

```
month = [m.month for m in df1[" 购药时间 "]]
df1[" 月份 "] = month
df1[" 月份 "].value_counts()
```

代码运行结果如下：

```
4    1244
1    1058
3     992
5     957
6     913
2     742
7     630
Name: 月份 , dtype: int64
```

根据以上输出结果显示，共有 7 个月的销售数据，因此月销售额 = 总销售额 / 月份数。示例代码如下：

```
print(f" 月销售额为：{df1[' 实收金额 '].sum() / 7} 元 ")
```

代码运行结果如下：

月销售额为： 43433.56714285714 元

为了方便直观地了解销售情况，对各个月营业额进行变化趋势可视化，示例代码如下：

```
# 画出月营业额变化趋势
import matplotlib.pyplot as plt
plt.rcParams['font.sans-serif']=['SimHei']
plt.figure()
x = monthly_turnover.index
y = monthly_turnover[" 实收金额 "]
plt.plot(x,y)
plt.title(" 月营业额变化趋势 ")
plt.xlabel(" 月份 ")
plt.ylabel(" 实收金额 ")
plt.show()
```

代码运行结果如图 4-1 所示。

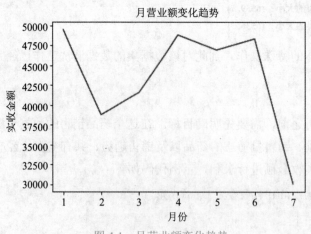

图 4-1　月营业额变化趋势

从图中直观地发现 7 月份的销售额下降的情况可能是数据不全的原因，在实际的数据分析过程中需要具体问题具体分析。下面对销售量前三的药品进行统计，这需要对该数据集按照药品进行分组，再求和，示例代码如下：

```
# 先分组，再求和，最后排序
sales_volume = df1.groupby(by=" 商品名称 ").sum().sort_values(" 销售数量 ",ascending=False)
sales_volume
```

代码运行结果如下：

商品名称	销售数量	应收金额	实收金额	月份
苯磺酸氨氯地平片（某内真）	1781.0	22315.0	19081.44	3373
某博通	1440.0	40689.0	37080.36	2379
酒石酸美托洛尔片（某他乐克）	1140.0	8780.4	7919.82	2057
硝苯地平片（心痛定）	825.0	1271.5	1108.99	1630
苯磺酸氨氯地平片（某活喜）	796.0	26249.4	24251.04	1262
...	...	...	...	...
培哚普利片（雅施达）	10.0	1170.0	1170.00	25
赖诺普利片（信赖安）	5.0	136.0	136.00	15
TG 盐酸贝那普利片（新亚富舒）	2.0	56.0	56.00	5
TG 厄贝沙坦片	2.0	29.6	29.60	1
D 厄贝沙坦氢氯噻嗪片（倍悦）	2.0	132.2	132.20	6

78 rows × 4 columns

在上述代码中，通过分类操作将原始数据按照"商品名称"进行分类，并对分类后每组中的数值数据进行求和，可以得到每种药品的全部销售数量。输出结果中，由于 sum() 函数累加了所有数值类型的数据，月份数值没有实际意义，不影响销量分析。根据以上的运行结果，销售量排名前三的药品分别是苯磺酸氨氯地平片（某内真）、某博通、酒石酸美托洛尔片（某他乐克）。

通过饼图来展示销售量前十的药品数据，示例代码如下：

```
# 画出前十的药品销售数据
import matplotlib.pyplot as plt
plt.rcParams['font.sans-serif']=['SimHei']
plt.figure()
explode=[0.3,0.1,0.1,0.1,0.1,0.2,0.2,0.2,0.2,0.2]
plt.pie(sales_volume[" 销售数量 "][:10],labels=sales_volume.
index[0:10],autopct='%1.1f%%',explode=explode,shadow=True)
plt.title(" 销售量前十的药品数据 ',size=15)
plt.show()
```

代码运行结果如图 4-2 所示。

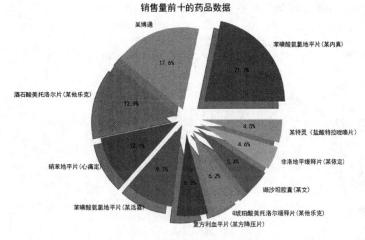

图 4-2　销售量前十的药品数据

统计销售量前三的药品每月的销售量，并进行折线图的展示，示例代码如下：

```python
import matplotlib.pyplot as plt
plt.rcParams['font.sans-serif']=['SimHei']
df2 = df1.groupby(by=" 商品名称 ")
no1 = df2.get_group(" 苯磺酸氨氯地平片 ( 某内真 )").groupby(" 月份 ").sum()
no2 = df2.get_group(" 某博通 ").groupby(" 月份 ").sum()
no3 = df2.get_group(" 酒石酸美托洛尔片 ( 某他乐克 )").groupby(" 月份 ").sum()
data = pd.concat([no1,no2,no3],axis=1)
data = data.iloc[:,[0,3,6]]
data.columns = [' 苯磺酸氨氯地平片 ( 某内真 )',' 某博通 ',' 酒石酸美托洛尔片 ( 某他乐克 )']
plt.figure()
data.plot(kind='line')
plt.title(' 销售量在前三的药品在每月的销售量 ',size=16)
plt.xlabel(' 月份 ',size=15)
plt.ylabel(' 药品数量 ',size=15)
plt.legend(loc=1)
plt.show()
```

代码运行结果如图 4-3 所示。

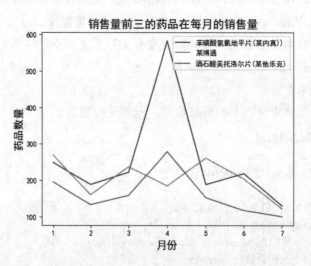

图 4-3　销售量前三的药品在每月的销售量

要知道客户数量，只需对社保卡号进行分类统计即可，示例代码如下：

```python
df1[" 社保卡号 "].value_counts()
```

代码运行结果如下：

```
001616528       246
0010083726928   40
0010011065528   39
0013216828      24
0010024743028   23
        ...
00102131528     1
0010083859528   1
00107882928     1
0010017285928   1
00107886128     1
Name: 社保卡号 , Length: 2419, dtype: int64
```

根据以上的运行结果，可知共有 2419 个不同的社保卡号，即有 2419 位客户。

通过以上数据分析案例可以看到，Pandas 扩展库拥有丰富的方法来进行数据处理；在数据可视化方面，Matplotlib 的库可以进行很好的数据展示，这在后面的章节中有较为详细的介绍。

本 章 小 结

本章主要讲述了 Pandas 数据处理库，从基本的数据类型 Series 到 DataFrame，主要进行了一维数据和二维数据的分析处理方法的介绍。Pandas 可以胜任大部分数据处理和数据分析的操作，功能非常强大，可以代替 Excel 等数据处理软件，而且在处理数据量大的数据集时，处理速度也很快。对于数据的索引、切片等操作需要理解掌握，重点建立起自己的数据处理的思路，掌握常用的操作方法。对照 Pandas 使用版本的官方文档可以让自己的数据处理能力突飞猛进，不断地从处理数据、分析数据的过程中得到成长，这是学习好 Pandas 库的关键。

练 习 4

一、选择题

1. 下面（　　）不是 Pandas 库中的数据结构？
   A．Series
   B．DataFrame
   C．Array
   D．Panel

2. 下面（　　）方法可以用来删除 DataFrame 中的行。
   A．drop()
   B．del()
   C．remove()
   D．pop()

3. 下面（　　）方法可以用来合并两个 DataFrame。
   A．join()
   B．concat()
   C．append()
   D．merge()

4. 下面（　　）方法可以用来计算 DataFrame 中每一列的均值。
   A．mean()
   B．sum()
   C．min()
   D．max()

5. 下面（　　）方法可以用来对 DataFrame 中的字符串列进行操作。
   A．str()
   B．string()
   C．text()
   D．chars()

6. 下面（　　）方法可以用来将 DataFrame 按照某一列进行排序。
   A．sort_values()
   B．order_by()
   C．sort_by()
   D．arrange()

7. 下面（　　）方法可以用来对 DataFrame 中的缺失值进行填充。
   A．fillna()
   B．replace()
   C．interpolate()
   D．all of the above

8. 下面（　　）方法可以用来将 DataFrame 中的数据透视成另一种形式。

　　A．pivot_table()　　　　　　　　　B．pivot()

　　C．stack()　　　　　　　　　　　　D．melt()

9. 下面（　　）方法可以用来将 DataFrame 中的数据分组。

　　A．group()　　　　　　　　　　　B．group_by()

　　C．split()　　　　　　　　　　　D．divide()

10. 下面（　　）函数可以用来对 DataFrame 中的数据进行统计描述。

　　A．describe()　　　　　　　　　B．summary()

　　C．stats()　　　　　　　　　　　D．report()

二、填空题

1. 创建一个 Series 使用 _____。

2. 创建一个 DataFrame 使用 _____。

3. 计算 DataFrame 中每一列的和使用 _____。

4. 对 DataFrame 中每一列的数据进行统计描述使用 _____。

5. 将 DataFrame 中的某一列转换为列表使用 _____。

6. 对 DataFrame 中的数据进行排序使用 _____。

7. DataFrame 中的两种索引分别是 _____ 和 _____。

8. 计算 DataFrame 中每一列的平均值使用 _____。

9. 对 DataFrame 中的数据进行分组使用 _____。

10. 将 DataFrame 中的某一列转换为字典使用 _____。

三、简答题

1. 什么是 Pandas 库？它的主要数据结构是什么？

2. 怎样对 DataFrame 中的数据进行筛选？

3. 怎样对 DataFrame 中的缺失值进行处理？

4. 怎样将两个 DataFrame 合并成一个？

5. 怎样对 DataFrame 中的数据分组并进行聚合操作？

四、程序设计题

1. 编写一个程序，创建一个包含三列数据的 DataFrame，分别为 name、age 和 gender，并将其保存为 'data.csv' 文件。

2. 编写一个程序，读取第一题中保存的 data.csv 文件，并输出其中年龄大于 30 岁的人的姓名和性别。

3. 编写一个程序，读取第一题中保存的 data.csv 文件，并计算其中男性和女性的人数。

4. 编写一个程序，读取第一题中保存的 data.csv 文件，并计算其中年龄最大的人的姓名和年龄。

5. 编写一个程序，读取第一题中保存的 data.csv 文件，并将其中所有人的年龄加上 5 岁，然后将结果保存为 data_updated.csv 文件。

第 5 章　数据可视化

　　数据分析中数据的展示和分析的结果都需要形象地展示出来，这就需要进行可视化，因为数据文件中的数据都是堆叠在一起的，不能看到数据的具体趋势和规律性。本章从数据可视化简介出发，主要用散点图、线图、柱状图、饼图、箱线图等来展示数据，分别用 Matplotlib 和 Pandas 来实现。

- 数据可视化简介
- Matplotlib 可视化
- Pandas 可视化

数据可视化简介

5.1　数据可视化简介

　　数据可视化是将数据转换为图形化或视觉化的表现形式，以便更容易地理解和分析数据。通过数据可视化，可以识别趋势、关系和异常，从而更好地理解数据，并作出更好的决策。

　　Python 是一种功能强大的编程语言，可用于各种用途，包括数据可视化。Python 数据可视化是一种将数据转换为有意义的图形表示的过程。Python 中有许多用于数据可视化的库，其中最受欢迎的是 Matplotlib、Seaborn 和 Plotly。

　　Matplotlib 是 Python 中最常用的数据可视化库之一。它提供了各种绘图选项，包括线图、散点图、柱状图和等高线图等。此外，Matplotlib 还可以创建动画和交互式图形。

　　Seaborn 是另一个流行的 Python 数据可视化库。它基于 Matplotlib，提供了一些额外的功能，例如统计数据可视化和美学风格。

　　Plotly 是一种交互式数据可视化库，它提供了许多高级功能，例如 3D 图形和地理空间数据可视化。Plotly 可以轻松地创建交互式的网页和可嵌入的图形。

　　Python 数据可视化是一个重要的数据分析工具，可用于将数据转换为容易理解和有意义的图形表示。Matplotlib、Seaborn 和 Plotly 是 Python 中最受欢迎的数据可视化库，每个库都有其独特的优点和适用场景。本章从常用的 Matplotlib 入手进行介绍，结合 NumPy 和 Pandas 进行数据的管理和组织。

　　Matplotlib 是扩展库不是标准库，使用前需要安装，一般使用 pip 或者 conda 安装。先来查看 Matplotlib 是否已经安装，在 JupyterLab 里调出终端环境，如图 5-1 所示。

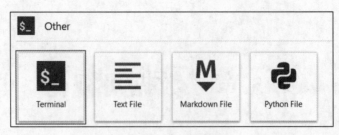

图 5-1　终端环境

打开 Terminal 后输入命令 pip show matplotlib，运行结果如图 5-2 所示。

```
Windows PowerShell
版权所有 (C) Microsoft Corporation。保留所有权利。

尝试新的跨平台 PowerShell https://aka.ms/pscore6

PS C:\Users\Administrator\Desktop\Data Analysis\chapter 5> pip show matplotlib
Name: matplotlib
Version: 3.5.2
Summary: Python plotting package
Home-page: https://matplotlib.org
Author: John D. Hunter, Michael Droettboom
Author-email: matplotlib-users@python.org
License: PSF
Location: c:\programdata\anaconda3\lib\site-packages
Requires: cycler, fonttools, kiwisolver, numpy, packaging, pillow, pyparsing, python-dateutil
Required-by: seaborn, wordcloud
```

图 5-2　查看 Matplotlib 库信息

从图 5-2 可以看到版本信息、介绍、主页信息、保存的位置以及依赖库。如果没有相关信息，则表示没有安装，可以用 pip instal matplotlib 或者 conda install matplotlib 命令来安装。也可以在 Python 环境下验证是否安装成功，示例代码如下：

```
# 导入 Matplotlib 库
import matplotlib
# 查看版本信息
print(" 当前 Matplotlib 版本为：",matplotlib.__version__)
```

代码运行结果如下：

当前 Matplotlib 版本为：3.5.2

如果版本不符合项目要求，可以安装特定版本的 Matplotlib，命令为 pip install matplotlib==3.7.0 或者 conda install matplotlib==3.7.0。如果不需要某版本也可以卸载特定版本的 Matplotlib，命令为 pip uninstall matplotlib==3.5.2 或者 conda uninstall matplotlib==3.5.2。或者用 pip show matplotlib==3.5.2 命令查看存储位置，找到存储位置并删除即可。可以到官网查找更多信息，需要注意针对不同版本的帮助信息略有不同，具体参考在线使用手册，Matplotlib 较为稳定的版本是 3.7 系列。

5.2　Matplotlib 可视化

Matplotlib 可视化

Matplotlib 是一个用于绘制数据可视化图形的 Python 库。它可以用于创建各种类型的图表，包括散点图、线图、柱状图、饼图、直方图、箱线图、子图等。

散点图通过在坐标系中绘制点来表示数据，可以用于显示数据的分布情况。线图则是通过连接数据点来表示数据的趋势变化。柱状图是用柱形来表示数据的大小差异，通常用于比较数据之间的差异。饼图则用扇形来表示数据的占比情况。直方图是将数据分成若干个区间，并统计每个区间中数据出现的次数，用来表示数据的分布情况。箱线图用于展示数据的离散程度，其中箱子通常表示数据的四分位数范围，而箱子之外的须子（也称为"胡须"）表示数据分布范围的线条，它们从箱子的上边缘或下边缘延伸出去，代表了超出这个范围的数据点。箱线图主要用于展示一组数据的基本统计特征，如中位数、四分位数、异常值等。子图是将一个大的图表分成若干个小的图表，可以用于同时展示多个数据集或多种图表类型。

Matplotlib 是一个功能强大且灵活的数据可视化工具，能够满足各种不同类型数据的可视化需求。

5.2.1 Matplotlib 散点图示例

在 Matplotlib 中的 pyplot 子库是一个非常常用的子库，它提供了很多操作图表的方法。以下是散点图的实现方法，先来看一下整个可视化的思路，后面不同类型的图与此方法类似，示例代码如下：

```
# Matplotlib 绘制散点图
# 导入 Matplotlib 的 pyplot 子库和 NumPy 库
import matplotlib.pyplot as plt
import numpy as np

# 使用 np.random.rand() 函数生成 50 个随机数作为 x 和 y 的取值
x = np.random.rand(50)
y = np.random.rand(50)

# 使用 plt.subplots() 函数创建一个画布和一个子图
# 该函数返回一个元组，包含画布和子图对象
fig, ax = plt.subplots()

# 使用子图对象 ax 的 scatter() 方法创建一个散点图
ax.scatter(x, y)

# 使用子图对象的 set_title()、set_xlabel() 和 set_ylabel() 方法
# 设置图表的标题和坐标轴标签
ax.set_title('Scatter Plot')
ax.set_xlabel('X')
ax.set_ylabel('Y')

# 使用 plt.show() 函数显示图表
plt.show()
```

上述代码使用了 Matplotlib 库中的 pyplot 子库来创建散点图。代码中有个关键词 scatter，意思是分散、散开或者散点图。在统计学中，散点图是一种用于研究两个变量之间关系的图形。整体思路：首先使用 plt.subplots() 函数创建一个画布和一个子图，该函数返回了一个元组，包含画布和子图对象；接着使用子图对象 ax 的 scatter() 方法创建一个散点图，该方法接收两个参数，分别是 x 和 y 的取值，上面生成的随机数作为 x 和 y 的取值；然后使用子图对象的 set_title()、set_xlabel() 和 set_ylabel() 方法设置图表的标题和坐标轴标签；最后，使用 plt.show() 函数显示图表。代码运行结果如图 5-3 所示。

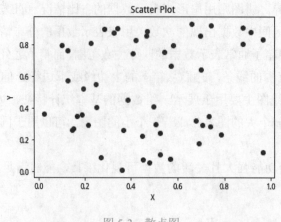

图 5-3　散点图

观察生成结果中图的不同位置，找到与之对应代码的位置，通过这段代码，可以看到 Matplotlib 的 pyplot 子库提供了非常方便的接口，可以轻松地创建图表。那么如何实现其他绘图功能呢？思路与上面大体一致。

5.2.2　Matplotlib 线图示例

绘制线图的示例代码如下：

```
# Matplotlib 绘制线图
# 导入 Matplotlib 的 pyplot 子库和 NumPy 库
import matplotlib.pyplot as plt
import numpy as np


# 使用 NumPy 库中的 np.linspace() 函数生成 100 个等间距的数作为 x 的取值
# 使用 NumPy 库中的 np.sin() 函数计算对应的 y 值
x = np.linspace(0, 10, 100)
y = np.sin(x)


# 使用 plt.subplots() 函数创建一个画布和一个子图
# 该函数返回一个元组，包含画布和子图对象
fig, ax = plt.subplots()
# 使用子图对象 ax 的 plot() 方法创建一个线图
ax.plot(x, y)


# 使用子图对象的 set_title()、set_xlabel() 和 set_ylabel() 方法
# 设置图表的标题和坐标轴标签
ax.set_title('Line Plot')
ax.set_xlabel('X')
ax.set_ylabel('Y')


# 使用 plt.show() 函数显示图表
plt.show()
```

上述代码使用了 Matplotlib 库中的 pyplot 子库来创建线图。其中的关键词 plot，指在可视化工具中创建图形或图表，以揭示数据之间的关系或趋势。这里是两个量的连续的对应关系，也就是常说的函数关系，用描点法来绘制线图，这种绘图方式是最常见的，比如一次函数、二次函数、三角函数等。首先生成 x 的离散值，然后根据 x 值得到 y 值，于

是得到 (x,y)。接着使用子图对象 ax 的 plot() 方法创建了一个线图，该方法接收两个参数，分别是 x 和 y 的取值，使用上面生成的等间距数列作为 x 的取值，使用对应的正弦值作为 y 的取值。然后使用子图对象的 set_title()、set_xlabel() 和 set_ylabel() 方法设置图表的标题和坐标轴标签。最后，使用 plt.show() 函数显示图表。线图绘制整体思路与之前的散点图绘制类似，因为这里是一个函数对应关系，更加适合用线图来表示。代码运行结果如图 5-4 所示。

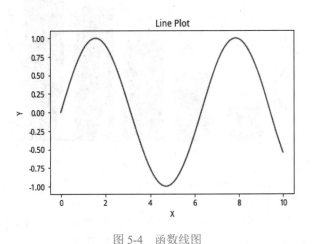

图 5-4　函数线图

5.2.3　Matplotlib 柱状图示例

绘制柱状的示例代码如下：

```python
# Matplotlib 绘制柱状图
# 导入 Matplotlib 的 pyplot 子库
import matplotlib.pyplot as plt

# 定义一个字符串列表 x，包含五个字符作为柱状图的横坐标
# 定义一个整数列表 y，包含五个整数作为柱状图的纵坐标
x = ['A', 'B', 'C', 'D', 'E']
y = [10, 20, 30, 40, 50]

# 使用 plt.subplots() 函数创建一个画布和一个子图
# 该函数返回一个元组，包含画布和子图对象
fig, ax = plt.subplots()

# 使用子图对象 ax 的 bar() 方法创建一个柱状图
# 使用上面定义的字符串列表和整数列表作为 x 和 y 的取值
ax.bar(x, y)

# 使用子图对象的 set_title()、set_xlabel() 和 set_ylabel() 方法
# 设置图表的标题和坐标轴标签
ax.set_title('Bar Plot')
ax.set_xlabel('X')
ax.set_ylabel('Y')

# 使用 plt.show() 函数显示图表
plt.show()
```

上述代码使用了 Matplotlib 库中的 pyplot 子库来创建柱状图。关键词 bar 通常指一个长方形的物体，可以用来表示柱状图中的一个条形，所以柱状图也称为条形图，其通常用于比较不同类别或组之间的数量或百分比。代码运行结果如图 5-5 所示。

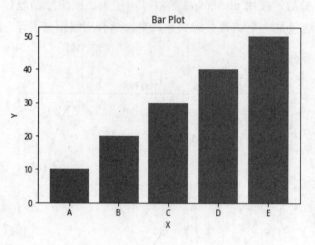

图 5-5　柱状图

上述代码的整体思路：首先定义了一个字符串列表 x，包含五个字符作为柱状图的横坐标，定义一个整数列表 y，包含五个整数作为柱状图的纵坐标；接下来，使用 plt.subplots() 函数创建一个画布和一个子图，该函数返回一个元组，包含画布和子图对象；最后使用子图对象 ax 的 bar() 方法创建一个柱状图，该方法接收两个参数，分别是 x 和 y 的取值，此处使用上面定义的字符串列表和整数列表作为 x 和 y 的取值。

5.2.4　Matplotlib 饼图示例

饼图可以很形象地表示出不同数据在整体数据中所占比例。用 Matplotlib 库中的 pyplot 子库创建饼图的示例代码如下：

```python
# Matplotlib 绘制饼图
import matplotlib.pyplot as plt

# 定义一个字符串列表 labels, 包含五个字符作为饼图的标签
# 定义一个整数列表 sizes，包含五个整数作为饼图的数据
labels = ['A', 'B', 'C', 'D', 'E']
sizes = [10, 20, 30, 40, 50]

# 使用 plt.subplots() 函数创建一个画布和一个子图
# 该函数返回一个元组，包含画布和子图对象
fig, ax = plt.subplots()

# 使用子图对象 ax 的 pie() 方法创建一个饼图
ax.pie(sizes, labels=labels, autopct='%1.1f%%')

# 使用子图对象的 set_title() 方法设置图表的标题
ax.set_title('Pie Chart')

# 使用 plt.show() 函数显示图表
plt.show()
```

上述代码的整体思路：首先定义了一个字符串列表 labels，包含五个字符作为饼图的标签，定义一个整数列表 sizes，包含五个整数作为饼图的数据；接下来，使用 plt.subplots() 函数创建一个画布和一个子图，该函数返回了一个元组，包含画布和子图对象；使用子图对象 ax 的 pie() 方法创建一个饼图，该方法接收一个参数 sizes（表示饼图的数据）和两个可选参数 labels 和 autopct（分别表示饼图的标签和每一块的百分比格式）；然后使用子图对象的 set_title() 方法设置图表的标题；最后，使用 plt.show() 函数显示图表，代码运行结果如图 5-6 所示。

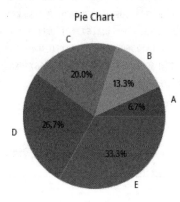

图 5-6　饼图

5.2.5　Matplotlib 箱线图示例

还有一种可以展示数据中的例外数据的图表就是箱线图，示例代码如下：

```python
# Matplotlib 绘制箱线图
import matplotlib.pyplot as plt
import numpy as np

# 输出是一个大小为 100 的数组 x
# 其中包含来自均值为 0、标准差为 1 的正态分布的随机数
x = np.random.normal(size=100)
# 设置第一个值为特殊值，不在正态分布中
x[0]=3
# 输出数据方便查看
print(x)

# 使用 plt.subplots() 函数创建一个画布和一个子图
# 该函数返回一个元组，包含画布和子图对象
fig, ax = plt.subplots()

# 创建箱线图
ax.boxplot(x)

# 使用子图对象的 set_title() 方法设置图表的标题
ax.set_title('Box Plot')
```

代码运行结果如下：

```
[ 3.        -0.40827857 -1.35897266  1.53742208 -0.43770248  1.13009975
 -0.29559439  0.61550684 -0.7359372   0.78869257 -0.85907152 -0.5942061
```

-1.459063 -0.22850041 -0.03922   0.94102469 1.14209916 -0.10143765
 0.08766347 0.55250967 -1.4557083 -2.21740537 0.43581603 0.3251399
 1.48336035 -1.64294093 -0.06858536 0.15605998 -0.746498   -0.0101474
-0.16451629 1.6681378 -0.14100316 -0.18775252 0.26184378 0.69767245
 0.21711273 0.30214769 -0.63920701 0.4586619   0.41928691 -0.5756484
-0.06585975 1.74912912 0.42482092 0.83969461 -0.57122481 0.98208857
-0.44800692 0.90241549 -1.30192056 -0.55136585 -0.70210789 -1.03401558
 0.24791793 -0.66456826 -1.20870929 -1.46650466 -0.15663163 0.48459256
 0.95682584 -0.08510315 1.28036135 -0.41585468 -0.33467711 1.86887092
-1.38337983 0.60835296 -0.43624947 -1.56071141 -1.03696398 -0.5984622
 0.40851163 -1.02347079 -1.10915986 -0.97034139 -0.93793436 -0.8354677
-0.51679465 -2.27760915 -1.95981384 -1.3593719   0.24672701 0.8156983
 0.91492886 -0.22105237 0.78474008 0.13329502 -1.47234618 0.30498783
 1.49351158 -0.80737363 -0.06045282 -0.60819338 -0.44227229 0.66770881
 0.30440404 -0.39725554 -0.0459585   0.6168127]
Text(0.5, 1.0, 'Box Plot')

得到的箱线图如图 5-7 所示。

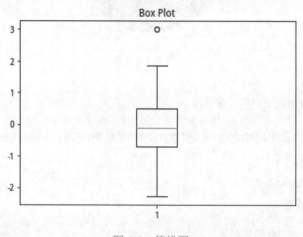

图 5-7 箱线图

对于图 5-7 中特殊的点 3，可以一目了然地看出它与其他数据不在同一个范围内。

5.2.6 Matplotlib 直方图示例

直方图是一种常用于可视化数据分布的图表。它将连续数据划分为不同的区间，并用高度表示每个区间内数据的数量。直方图的应用场景包括统计分析、数据挖掘、机器学习、金融分析等领域。它可以帮助人们更好地理解数据的分布情况，发现数据中的规律或异常。直方图的特点如下。

（1）直方图将数据分为多个区间，并用高度表示每个区间内数据的数量。因此，它适用于分析连续数据的分布情况。

（2）直方图不仅可以显示数据的中心趋势，如均值和中位数，还可以显示数据的离散程度，如标准差和方差。

（3）直方图可以帮助人们发现数据中的异常值或离群点。这些异常值可能是由于数据输入错误、实验误差等原因导致的，需要进行进一步的分析和处理。

在下列代码中，使用 Matplotlib 库的 plt.hist() 函数绘制了一个随机正态分布的直方图。

这个直方图将数据分成了 100 个区间，并用高度表示每个区间内数据的数量。通过直方图，可以直观地看到正态分布数据的分布情况。示例代码如下：

```
# 直方图
import numpy as np
import matplotlib.pyplot as plt


# 生成一个大小为 1000 的随机正态分布数组
x = np.random.normal(size=1000)

# 使用 100 个条形将 x 的分布可视化
plt.hist(x, bins=100)

# 调整子图间的间距以防止重叠
plt.tight_layout()

# 显示图表
plt.show()
```

代码运行结果如图 5-8 所示。

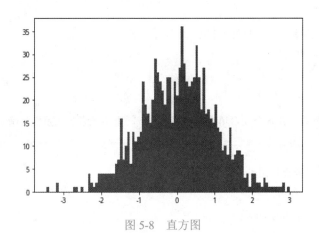

图 5-8　直方图

这段代码生成一个随机正态分布的直方图。x 数组使用 NumPy 的 np.random.normal() 函数生成，该函数生成服从正态分布的随机数。size 参数指定要生成的随机数的数量。在这里，代码生成了 1000 个随机数。plt.hist() 函数用于创建直方图。bins 参数指定直方图中使用的条形数，在这种情况下，使用 100 个条形。plt.tight_layout() 函数调整子图之间的间距以防止重叠。plt.show() 函数显示绘制的图像。这段代码演示了如何使用 NumPy 和 Matplotlib 生成和可视化随机正态分布。

5.2.7　Matplotlib 多子图示例

数据分析中有时需要在一个图中共同呈现多个子图，示例代码如下：

```
# 多子图示例
import matplotlib.pyplot as plt
import numpy as np

# 生成一个从 0 到 10 的等分数组，共有 100 个元素
x = np.linspace(0, 10, 100)
```

```python
# 计算正弦函数在上述数组中的值
y0 = np.sin(x)

# 计算余弦函数在上述数组中的值
y1 = np.cos(x)

# 创建一个包含 2 个子图的图像，每个子图都有 1 个坐标轴
fig, axs = plt.subplots(2, 1, figsize=(8, 6))

# 在第一个子图上绘制正弦函数
axs[0].plot(x, y0)

# 设置第一个子图的标题、X 轴标签和 Y0 轴标签
axs[0].set_title('Subplot 0')
axs[0].set_xlabel('X')
axs[0].set_ylabel('Y0')

# 在第二个子图上绘制余弦函数
axs[1].plot(x, y1)

# 设置第二个子图的标题、X 轴标签和 Y1 轴标签
axs[1].set_title('Subplot 1')
axs[1].set_xlabel('X')
axs[1].set_ylabel('Y1')

# 自动调整子图参数，使各个元素填充整个图像区域，避免元素之间重叠，确保图像整洁
plt.tight_layout()

# 使用 plt.show() 函数显示图表
plt.show()
```

代码运行结果如图 5-9 所示。

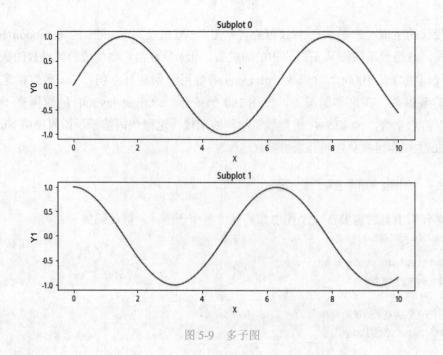

图 5-9　多子图

以下代码使用 Matplotlib 创建 6 个子图，每个子图都提供了详细的注释，可以根据该代码学习 Matplotlib 的使用方法，掌握如何创建不同类型的图表和调整图表的样式。示例代码如下：

```python
# Matplotlib 绘制 6 个子图
import matplotlib.pyplot as plt
import numpy as np

# 创建随机数据
x = np.linspace(0, 2 * np.pi, 400)
y = np.sin(x ** 2)

# 创建画布和子图
fig, axs = plt.subplots(2, 3, figsize=(12, 8))

# 绘制子图 1
axs[0, 0].plot(x, y)
axs[0, 0].set_title('Subplot 1')
axs[0, 0].set_xlabel('X')
axs[0, 0].set_ylabel('Y')

# 绘制子图 2
axs[0, 1].scatter(x, y)
axs[0, 1].set_title('Subplot 2')
axs[0, 1].set_xlabel('X')
axs[0, 1].set_ylabel('Y')

# 绘制子图 3
axs[0, 2].bar(x, y)
axs[0, 2].set_title('Subplot 3')
axs[0, 2].set_xlabel('X')
axs[0, 2].set_ylabel('Y')

# 绘制子图 4
axs[1, 0].fill_between(x, y)
axs[1, 0].set_title('Subplot 4')
axs[1, 0].set_xlabel('X')
axs[1, 0].set_ylabel('Y')

# 绘制子图 5
axs[1, 1].hist(y, bins=20)
axs[1, 1].set_title('Subplot 5')
axs[1, 1].set_xlabel('X')
axs[1, 1].set_ylabel('Y')

# 绘制子图 6
axs[1, 2].imshow(np.random.rand(20, 20))
axs[1, 2].set_title('Subplot 6')
axs[1, 2].set_xlabel('X')
axs[1, 2].set_ylabel('Y')

# 调整子图之间的间距
```

plt.subplots_adjust(left=0.1, right=0.9, bottom=0.1, top=0.9, wspace=0.4, hspace=0.4)

plt.show()

代码运行结果如图 5-10 所示。

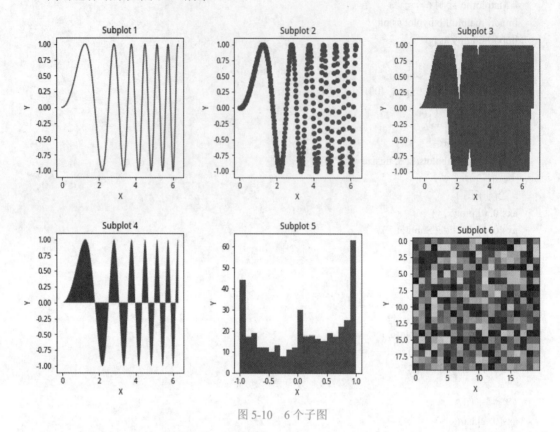

图 5-10 6 个子图

Matplotlib 是一个功能强大且灵活的数据可视化工具，能够满足各种不同类型数据的可视化需求。我们可以根据自己的需求选择合适的图表类型和样式，创建个性化的数据可视化效果。Matplotlib 还有大量的示例代码和文档，用户可以在学习和使用中不断地探索和发现新的功能和技巧。

5.3 Pandas 绘图

Pandas 绘图

Pandas 是一个 Python 的数据分析库，提供了许多数据处理和分析工具。其中，Pandas 绘图是一种常用的数据可视化方式。通过 Pandas 绘图，用户可以轻松地将数据转换为图表，便于数据分析和展示。Pandas 绘图提供了多种绘图方式，包括线图、柱状图、散点图和饼图等。用户可以根据数据类型和需求选择合适的绘图方式。此外，Pandas 还支持自定义图表样式，可以通过调整参数和设置属性来实现。

使用 Pandas 绘图，用户需要先将数据转换为 Pandas 数据框（DataFrame），然后使用绘图函数进行绘图。

绘图函数 plot() 的标准语法如下：

DataFrame.plot(kind='line', subplots=False, layout=None, sharex=True, sharey=True, use_index=True, figsize=None, title=None, xlim=None, ylim=None, ax=None, style=None, grid=None, legend=True,**kwds)

其中 kind 参数用于指定要绘制的图表类型。以下是 kind 参数的一些常用选项：

scatter：散点图，用于绘制两个变量之间的散点关系。

line：线图，用于绘制连续的数据点。

bar：柱状图，用于绘制分类数据的条形图。

pie：饼图，用于绘制分类数据的饼状图。

hist：直方图，用于绘制数据的直方图。

box：箱线图，用于显示一组数据的中位数、上四分位数、下四分位数等统计值。

barh：水平柱形图，用于绘制分类数据的水平条形图。

kde 或 density：Kernel Density Estimation 图，用于绘制数据的核密度估计。

area：面积图，用于绘制连续数据的面积图。

散点图是一种用于表示两个连续变量之间关系的图形。其中，每个点表示一个数据点，其横坐标和纵坐标分别表示两个变量的取值。Pandas 中可以使用 scatter() 函数绘制散点图。示例代码如下：

```python
# Pandas 绘制散点图
import pandas as pd
import matplotlib.pyplot as plt

# 创建数据，字典型数据
data = {'x': [1, 2, 3, 4, 5],
    'y': [2, 3, 5, 4, 6]}

# 转换为 DataFrame
df = pd.DataFrame(data)

# 绘制散点图
df.plot(x='x', y='y', kind='scatter')
plt.show()
```

代码运行结果如图 5-11 所示。

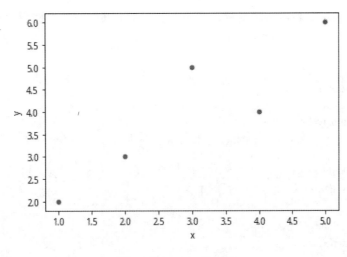

图 5-11　Pandas 散点图

线图是一种用于表示随时间或其他连续变量变化的图形。其中，每个点表示一个数据点，其横坐标表示时间或其他连续变量的取值，纵坐标表示变量的取值。Pandas 中可以使用 plot() 函数绘制线图。示例代码如下：

```python
# Pandas 绘制线图
import pandas as pd
import matplotlib.pyplot as plt

# 创建数据
data = {'x': [1, 2, 3, 4, 5],
        'y': [2, 3, 5, 4, 6]}

# 转换为 DataFrame
df = pd.DataFrame(data)

# 绘制线图
df.plot(x='x', y='y', kind='line')
plt.show()
```

代码运行结果如图 5-12 所示。

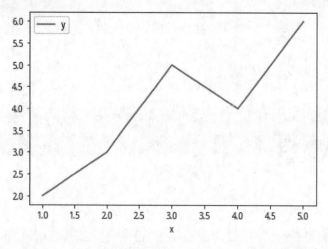

图 5-12　Pandas 线图

柱状图是一种用于表示离散变量之间关系的图形。其中，每个柱表示一个离散变量的取值，其高度表示该变量取值的数量或频率。Pandas 中可以使用 plot() 函数绘制柱状图。示例代码如下：

```python
# Pandas 绘制柱状图
import pandas as pd
import matplotlib.pyplot as plt

# 创建数据
data = {'x': ['A', 'B', 'C', 'D', 'E'],
        'y': [2, 3, 5, 4, 6]}

# 转换为 DataFrame
df = pd.DataFrame(data)

# 绘制柱状图
df.plot(x='x', y='y', kind='bar')
plt.show()
```

代码运行结果如图 5-13 所示。

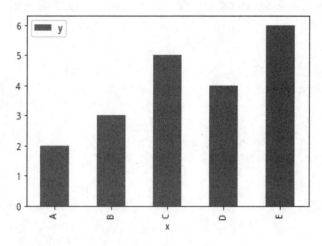

图 5-13　Pandas 柱状图

饼图是一种用于表示离散变量之间比例关系的图形。其中，每个扇形表示一个离散变量的取值，其面积表示该变量取值的比例。Pandas 中可以使用 plot() 函数绘制饼图。示例代码如下：

```
# Pandas 绘制饼图
import pandas as pd
import matplotlib.pyplot as plt

# 创建数据
data = {'x': ['A', 'B', 'C', 'D', 'E'],
    'y': [2, 3, 5, 4, 6]}

# 转换为 DataFrame
df = pd.DataFrame(data)

# 绘制饼图
df.plot(x='x', y='y', kind='pie')
plt.show()
```

代码运行结果如图 5-14 所示。

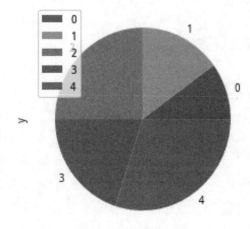

图 5-14　Pandas 饼图

直方图是一种用于表示连续变量分布情况的图形。其中，横坐标表示变量的取值范围，纵坐标表示该范围内变量取值的数量或频率。Pandas 中可以使用 plot() 函数绘制直方图。示例代码如下：

```python
# Pandas 绘制直方图
import pandas as pd
import matplotlib.pyplot as plt

# 创建数据
data = {'x': [1, 2, 3, 4, 5, 6, 7, 8, 9, 10],
        'y': [2, 3, 5, 4, 6, 7, 8, 9, 12, 15]}

# 转换为 DataFrame
df = pd.DataFrame(data)

# 绘制直方图
df.plot(y='y', kind='hist')
plt.show()
```

代码运行结果如图 5-15 所示。

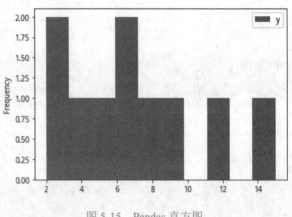

图 5-15　Pandas 直方图

箱线图是一种用于表示连续变量分布情况和异常值情况的图形。其中，箱子表示变量的四分位数范围，中位数用横线表示，须子表示变量的取值范围，异常值用点表示。Pandas 中可以使用 plot() 函数绘制箱线图。示例代码如下：

```python
# Pandas 绘制箱线图
import pandas as pd
import matplotlib.pyplot as plt

# 创建数据
data = {'x': ['A', 'B', 'C', 'D', 'E'],
        'y': [2, 3, 5, 4, 9]}

# 转换为 DataFrame
df = pd.DataFrame(data)

# 绘制箱线图
df.plot(y='y', kind='box')
plt.show()
```

代码运行结果如图 5-16 所示。

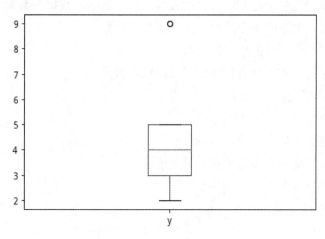

图 5-16　Pandas 箱线图

　　Pandas 绘图的优点在于简单易用、灵活多样。可以通过少量的代码实现数据可视化，同时也可以通过设置参数和属性来实现更加复杂的图表。此外，Pandas 绘图还支持与 Matplotlib 和 Seaborn 等其他绘图库结合使用，扩展了其绘图功能。Pandas 绘图是一种简单而强大的数据可视化工具，可以帮助用户更好地理解和分析数据。通过使用 Pandas 绘图，用户可以快速地将数据转化为图表，并进行进一步的数据分析和展示。

本 章 小 结

　　本章讲述了数据可视化，若想获知数据分析结果以及数据的详情，最好的方式就是可视化，用图表的方式展示，这样对数据可以一目了然。Python 中常用的可视化扩展库是 Matplotlib，示例代码中采用 NumPy 来生成的数据，数据源还可以是从数据库引出的，也可以是从数据文件中导入的。如果用 Pandas 绘图，则需要 DataFrame 格式数据，常用图有散点图、线图、饼图、柱状图、箱线图等，通过修改 plot() 函数的 kind 参数来选择绘制不同的图形，使用者可以根据数据特点选择适合的图形展示数据分析结果。数据可视化能够很好地呈现抽象的数据，对于文本、数值等数据，有不同的呈现方式。

练 习 5

一、选择题

1. Python 数据可视化目的是（　　）。
　　A．数据分析　　　　　　　　　B．模型训练
　　C．程序开发　　　　　　　　　D．数据存储
2. Python 数据可视化的最受欢迎的库是（　　）。
　　A．Matplotlib　　　　　　　　B．Seaborn
　　C．Plotly　　　　　　　　　　D．Pandas

3．直方图的特点包括（　　　　）。

　　A．将数据分为多个区间，并用高度表示每个区间内数据的数量

　　B．只能显示数据的中心趋势，如均值和中位数

　　C．只适用于分析离散数据的分布情况

　　D．不能帮助人们发现数据中的异常值或离群点

4．箱线图的作用是（　　　　）。

　　A．表示离散变量之间关系

　　B．表示连续变量分布情况

　　C．表示连续变量分布情况和异常值情况

　　D．表示离散变量之间比例关系

5．Pandas 绘图的优点是（　　　　）。

　　A．灵活多样　　　　　　　　　　B．简单易用

　　C．支持自定义图表样式　　　　　D．所有选项都是正确的

6．直方图适用于分析（　　　　）数据的分布情况。

　　A．离散数据

　　B．连续数据

　　C．无论离散还是连续数据都适用

　　D．不适用于分析数据的分布情况

二、填空题

1．Matplotlib 提供了各种绘图选项，包括线图、散点图、柱状图等，其中 ＿＿＿＿＿＿＿ 是通过在坐标系中绘制点来表示数据，可以用于显示数据的分布情况。

2．Seaborn 是一个流行的 Python 数据可视化库，它基于 ＿＿＿＿＿＿＿，提供了一些额外的功能，例如统计数据可视化和美学风格。

3．直方图是将数据分成若干个区间，并统计每个区间中数据出现的次数，用来表示数据的 ＿＿＿＿＿＿＿ 情况。

4．直方图将数据分成多个区间，并用 ＿＿＿＿＿＿＿ 表示每个区间内数据的数量。

5．Matplotlib 具有非常丰富的功能和灵活的可定制性，用户可以根据自己的需求自由地调整图表的样式、颜色、标签、图例等，实现自定义的数据可视化效果。

6．绘制直方图时，通过调整 ＿＿＿＿＿＿＿ 参数可以控制直方图中使用的条形数。

7．绘制箱线图时，箱子代表数据的 ＿＿＿＿＿＿＿，而箱子之外的须子则代表数据的分布范围。

8．使用 Matplotlib 创建子图时，可以使用 ＿＿＿＿＿＿＿ 函数创建一个包含多个子图的图像。

9．使用 Matplotlib 创建散点图时，可以使用 ＿＿＿＿＿＿＿ 函数。

三、简答题

1．简述 Python 数据可视化的作用和意义。

2．简述 Matplotlib 的特点和应用场景。

3．什么是箱线图？它有什么作用？

4．什么是直方图？它有什么特点？

第 6 章　数据分析方法

　　数据分析的过程是先收集数据，再进行数据预处理，随后进行数据分析，最终对数据分析结果进行解释。在进行数据分析时，需要从理论上有总体认识，对数据的特点以及分析思路进行把控，这部分内容是关系到整个数据分析的宏观把控。本章从数据分析方法概述入手，介绍数据分析流程中各个环节的分析方法，主要从分类、回归、聚类等常用的数据分析方法入手进行介绍。

- ♀ 数据分析方法概述
- ♀ 数据预处理
- ♀ 分类与预测
- ♀ 回归
- ♀ 聚类

6.1　数据分析方法概述

　　数据分析是指通过运用数学、统计学、计算机科学等方法，对数据进行收集、处理、分析和解释的过程。数据分析可以用于发现数据中的趋势、关联和异常值，从而得出有价值的信息和结论。

　　该过程可以分为以下几个步骤。

　　（1）收集数据：收集需要分析的数据，并对数据进行整理和清洗。

　　（2）数据预处理：对数据进行去重、缺失值填充、异常值处理等操作，以保证数据的准确性和一致性。

　　（3）数据分析：通过运用统计学、机器学习等方法，对数据进行分析和探索，以找出数据中的规律和关联。

　　（4）结果解释：根据数据分析的结果，得出结论并解释其意义和价值。

　　数据分析在各个领域都有广泛的应用，例如商业、金融、医疗、社会科学等。通过数据分析，可以更好地理解数据，发现潜在的机会和问题，并作出更好的决策和预测。

6.1.1　ETL（Extract-Transform-Load）

　　在数据分析中，ETL 是非常重要的一步。数据分析方法中的 ETL 是指将数据从来源系统中提取（Extract）出来，经过清洗（Transform）和整理（Load）后，加载到目标系统中的过程。这个过程必须确保数据在被分析之前是准确的和一致的。因为如果数据不准确或者不一致，那么分析结果就会受到极大的影响。

在数据分析中，ETL 的作用是确保数据的准确性和一致性，消除数据中的噪声和冗余，并提高数据的可用性。ETL 过程可以帮助数据分析人员将数据从不同的源中提取出来，然后在数据仓库中进行整合，最后生成可供分析的数据集。因此，它是数据分析的基础步骤之一。在 ETL 过程中，数据的清洗和转换是非常重要的一步，因为数据往往来自多个不同的源，可能存在格式不一致、缺失值、异常值等问题。这些问题可能会导致数据分析结果的不准确性和不一致性。因此，在进行 ETL 过程时，需要对数据进行清洗和转换，以保证数据的一致性和准确性。在 ETL 过程中，数据的加载是将处理好的数据存储到目标系统中的一步。在这个过程中，需要将数据转换成目标系统可以处理的格式，并将其存储到目标系统中。这个过程可以使用多种技术进行，例如关系型数据库、NoSQL 数据库、数据仓库等。

因此，ETL 是数据分析方法中非常重要的一步。它确保了数据的准确性和一致性，并提供了可供分析的数据集。通过 ETL 过程，数据分析人员可以更好地理解数据，并从中发现有价值的信息和结论。

6.1.2　数据分析中常用的方法

分类、回归和聚类是数据分析中常用的三种方法，它们分别用于不同的数据分析任务。

（1）分类。分类是一种有监督学习方法，它通过分析和学习数据中的特征和属性，将数据分为不同的类别。分类可以用于预测和识别事物的类别，例如将电子邮件分为垃圾邮件和非垃圾邮件。

（2）回归。回归是一种有监督学习方法，它通过分析和学习数据中的特征和属性，预测一个连续变量的值。回归可以用于预测未来的趋势和结果，例如预测房价或销售额。

（3）聚类。聚类是一种无监督学习方法，它通过分析和学习数据中的相似性，将数据分为不同的群组。聚类可以用于发现数据中的潜在结构，例如将客户分为不同的市场细分群组。

这三种方法都很重要，在数据分析中经常被使用。选择哪种方法取决于数据本身和分析目的。

6.2　数据预处理

数据预处理是数据分析过程中的一个重要步骤，用于保证数据的准确性和一致性。在数据预处理过程中，需要对数据进行初步的清洗和整理，以去除数据中的噪声和冗余。同时，还需要对缺失值、异常值等进行处理，以保证数据的一致性和准确性。数据预处理是数据分析过程中不可或缺的一步，它直接影响到数据分析结果的准确性和一致性。

6.2.1　异常值处理

异常值是指数据集中存在的一些与其他数据明显不同的极端值。这些值可能是由于数据采集过程中的错误、测量误差等因素引起的。异常值的存在可能会对数据的分析和结果产生负面影响，因为它们可能会导致数据的偏差和不准确性。在数据分析的过程中，处理异常值是至关重要的一步，以确保数据的准确性和可靠性。

异常值处理的方法通常包括删除异常值和替换异常值。删除异常值是指将数据集中的异常值直接删除，这可能会导致数据集变小，但是可以提高数据的准确性和可靠性。替换异常值则是将异常值替换为其他值，以减少对数据集的影响。替换异常值的方法包括中位数替换、均值替换、插值替换等。这些方法都有其优缺点，需要根据具体情况选择合适的方法进行处理。

异常值处理方法通常需要根据具体的数据集和分析目的进行选择。在处理异常值时，需要结合数据分析的具体情况进行判断。如果异常值对分析结果的影响很小，可以选择不处理。如果异常值对分析结果的影响很大，就需要对其进行处理。因此，在处理异常值时，需要综合考虑数据集的大小、异常值的数量和分析目的等因素。

6.2.2　缺失值处理

缺失值是指在数据集中存在的一些缺失数值。与异常值的情况相同，缺失值可能是由于数据采集过程中的错误、测量误差等因素引起的。缺失值的存在可能会对数据的分析和结果产生负面影响，因为它们可能会导致数据的偏差和不准确性。

常用的缺失值处理方法包括删除缺失值和替换缺失值。

（1）删除缺失值。当缺失值占比较小的比例时，可以考虑直接删除缺失值。但是，如果缺失值占比较大的比例，那么直接删除缺失值可能会导致数据集过小，影响数据分析的结果的准确性和可靠性。

（2）替换缺失值。当缺失值占比较大的比例时，可以考虑替换缺失值。常用的替换方法包括中位数替换、均值替换、插值替换等。其中，中位数替换和均值替换适用于数值型数据，插值替换适用于时间序列数据等。

在数据分析过程中，缺失值的存在是不可避免的。在选择缺失值处理方法时，需要根据具体的数据集和分析目的进行选择。如果缺失值对分析结果的影响很小，可以选择不处理。如果缺失值对分析结果的影响很大，就需要对其进行处理。同时，在处理缺失值时，还需要考虑缺失值的类型和缺失值的数量等因素。缺失值处理是数据分析过程中不可或缺的一步，它可以提高数据的准确性和可靠性，进而确保数据分析结果的准确性和可靠性。我们应该根据具体情况选择合适的方法进行处理，以提高数据分析的效果和质量。

6.2.3　归一化处理

归一化处理是数据预处理过程中的一项重要任务，它可以将数据转换为特定范围内的数值，以便于比较和分析不同的数据集。在数据分析中，通常需要对数据进行归一化处理，以提高数据的可比性和可解释性，减少数据分析的误差和偏差，从而提高数据分析的效果和质量。

归一化处理的方法通常包括线性归一化和非线性归一化。线性归一化是将数据缩放到 [0,1] 之间，其公式为 x_norm = (x - x_min) / (x_max - x_min)，其中，x 代表原始数据，x_min 和 x_max 分别代表原始数据的最小值和最大值，x_norm 代表归一化后的数据。

非线性归一化则是将数据缩放到特定的范围内，其公式为 x_norm = (x - x_min) /(x_max - x_min) * (max_value - min_value) + min_value，其中，max_value 和 min_value 分别代表归一化后数据的最大值和最小值。

归一化处理可以有效地解决不同量纲数据之间的比较问题，同时也可以减少数据分析的误差和偏差。在进行数据分析时，通常需要对数据进行归一化处理，以便于比较和分析不同的数据集。此外，在机器学习领域中，归一化处理也是一项非常重要的任务，因为许多机器学习算法都需要对数据进行归一化处理才能达到更好的效果。

总之，归一化处理是数据分析过程中不可或缺的一步，它可以提高数据的可比性和可解释性，减少数据分析的误差和偏差，从而提高数据分析的效果和质量。在进行数据分析时，我们需要综合考虑数据集的特点和分析目的，选择合适的归一化处理方法，以提高数据分析的效果和质量。

分类与预测

6.3　分类与预测

分类和预测是数据分析中的两个重要任务。分类是指将数据集中的数据分成不同的类别或类别组，以便于比较和分析不同的数据集。分类可以用于发现数据集中的潜在结构，例如将客户分为不同的市场细分群组。预测是指使用数据中的特征和属性来预测一个连续变量的值。预测可以用于预测未来的趋势和结果，例如预测房价或销售额。

分类和预测是数据分析过程中不可或缺的一步，它们可以提高数据的可比性和可解释性，减少数据分析的误差和偏差，从而提高数据分析的效果和质量。在进行数据分析时，需要综合考虑数据集的特点和分析目的，选择合适的分类和预测方法，以提高数据分析的效果和质量。

常用的分类和预测方法包括以下几种。

（1）决策树。决策树是一种基于树状结构的分类方法，它通过分析和学习数据中的特征和属性，以产生一系列的决策规则。决策树可以用于发现数据中的潜在结构，例如将客户分为不同的市场细分群组。决策树可以通过信息增益、基尼指数等方法来选择最优的分裂点，以达到最好的分类效果。

（2）朴素贝叶斯。朴素贝叶斯是一种基于概率统计的分类方法，它假设样本中的各个特征之间相互独立，从而简化分类问题。朴素贝叶斯可以用于文本分类、垃圾邮件分类等任务。

（3）支持向量机。支持向量机是一种基于最小化结构风险的分类方法，它可以将数据映射到高维空间中，以使得数据集能够被分成不同的类别或类别组。支持向量机可以用于图像分类、声音分类等任务。

（4）神经网络。神经网络是一种基于人工神经元模型的分类和预测方法，它可以通过学习数据集中的特征和属性，以产生一系列的决策规则。神经网络可以用于图像识别、语音识别等任务。

6.3.1　决策树

决策树是一种基于树状结构的机器学习算法，它在数据分类和预测任务中得到了广泛的应用。决策树的主要思想是将数据集划分为多个小的子集，每个子集对应一个节点，最终形成一棵树状结构。通过对数据集的划分和节点的选择，决策树可以产生一系列的决策规则，用于对新的数据进行分类和预测。

决策树的生成过程可以分为两个步骤：树的生成和树的剪枝。树的生成是指从数据集中选择最优的属性进行划分，生成一棵完整的决策树。树的剪枝是指去掉一些节点和子树，从而使得决策树更加简洁，并且能够避免过拟合的问题。

决策树的生成过程主要涉及以下几个问题：

● 如何选择最优的属性进行划分？

● 如何处理连续属性和缺失值？

● 如何处理过拟合的问题？

在选择最优的属性进行划分时，可以使用信息增益、基尼指数等指标进行评估。信息增益是指划分前后信息的变化量，基尼指数则是衡量数据集的纯度。除了这些指标，还可以使用 C4.5 算法和 CART 算法等方法进行属性选择。

在处理连续属性时，可以将其转化为离散属性，也可以使用二分法等方法进行处理。在处理缺失值时，可以使用多数表决法、平均数法等方法进行填充。

决策树容易出现过拟合的问题，为了解决这个问题，可以采用剪枝技术。剪枝技术可以通过去掉一些节点和子树，使得决策树更加简洁，并且能够避免过拟合的问题。

总之，决策树是一种基于树状结构的机器学习算法，它可以用于数据分类和预测任务。在决策树的生成过程中，需要考虑如何选择最优的属性进行划分、如何处理连续属性和缺失值、如何处理过拟合的问题等。通过合理的处理方法，可以生成一棵准确、简洁的决策树，用于对新的数据进行分类和预测。使用 Scikit-learn 库的一个决策树的示例代码如下：

```python
# 决策树
from sklearn.datasets import load_iris
from sklearn.tree import DecisionTreeClassifier, plot_tree
import matplotlib.pyplot as plt

# 加载数据集
iris = load_iris()
X = iris.data[:, 2:]  # 只选择后两个特征
y = iris.target

# 训练决策树模型
tree_clf = DecisionTreeClassifier(max_depth=2)
tree_clf.fit(X, y)

# 可视化决策树
plt.figure(figsize=(10, 8))
plot_tree(tree_clf, filled=True, rounded=True, class_names=iris.target_names,
          feature_names=iris.feature_names[2:])
plt.show()
```

上面这段代码是一个决策树分类器的示例，使用了 Scikit-learn 库中的 DecisionTree Classifier 类进行训练和预测，并使用了 Matplotlib 库中的 plot_tree() 函数进行可视化。代码运行结果如图 6-1 所示。

分析上面这段代码可知，首先加载了鸢尾花数据集，并选择了后两个特征进行训练和预测；然后创建了一个深度为 2 的决策树分类器，并使用训练数据进行训练；最后使用 plot_tree() 函数将决策树可视化。

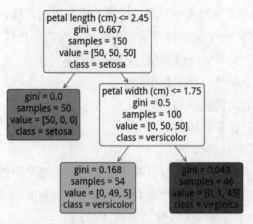

图 6-1　决策树

在可视化的过程中，指定了 filled=True 和 rounded=True 参数，以使得每个节点的颜色和形状能够更加直观地表示它们的类别和重要性。还指定了 class_names 和 feature_names 参数，以使得每个节点的名称和特征名称能够更加清晰地显示出来。

通过运行上面这段代码，可以获得一个简单的决策树分类器，并了解如何使用 Scikit-learn 库进行训练和预测，以及如何使用 Matplotlib 库进行可视化。下面通过一个 NumPy 示例代码来实现决策树，可以看到更多的实现细节，NumPy 代码实现决策树的示例代码如下：

```python
#NumPy 实现决策树
import numpy as np

# 定义数据集
X = np.array([[1, 2], [2, 1], [2, 3], [4, 2], [3, 3], [1, 3], [4, 4], [3, 1], [2, 2], [3, 4]])
y = np.array([0, 0, 0, 1, 1, 0, 1, 0, 0, 1])

# 定义节点类
class TreeNode:
    def __init__(self, feature_index=None, threshold=None, left=None, right=None, value=None):
        self.feature_index = feature_index    # 分裂特征的索引
        self.threshold = threshold            # 分裂特征的阈值
        self.left = left                      # 左子树
        self.right = right                    # 右子树
        self.value = value                    # 叶子节点的类别

# 定义决策树类
class DecisionTree:
    def __init__(self, max_depth=None):
        self.max_depth = max_depth            # 最大深度
        self.root = None                      # 根节点

    # 计算基尼不纯度
    def _gini(self, y):
        _, counts = np.unique(y, return_counts=True)
        probabilities = counts / counts.sum()
        gini = 1 - (probabilities ** 2).sum()
        return gini
```

```
# 计算基尼不纯度增益
def _gini_gain(self, y, y1, y2):
    p = len(y1) / len(y)
    gini_gain = self._gini(y) - p * self._gini(y1) - (1 - p) * self._gini(y2)
    return gini_gain


# 选择最优的分裂特征和阈值
def _split(self, X, y):
    best_feature_index, best_threshold, best_gini_gain = None, None, 0
    for feature_index in range(X.shape[1]):
        thresholds = np.unique(X[:, feature_index])
        for threshold in thresholds:
            y1 = y[X[:, feature_index] <= threshold]
            y2 = y[X[:, feature_index] > threshold]
            if len(y1) > 0 and len(y2) > 0:
                gini_gain = self._gini_gain(y, y1, y2)
                if gini_gain > best_gini_gain:
                    best_feature_index, best_threshold, best_gini_gain = feature_index, threshold, gini_gain
    return best_feature_index, best_threshold


# 构建决策树
def _build_tree(self, X, y, depth):
    # 如果样本全部属于同一类别或者深度达到最大值，则返回叶子节点
    if len(np.unique(y)) == 1 or depth == self.max_depth:
        return TreeNode(value=y[0])
    feature_index, threshold = self._split(X, y)
    # 如果无法找到合适的分裂特征和阈值，则返回叶子节点
    if feature_index is None or threshold is None:
        return TreeNode(value=y[0])
    left_index = X[:, feature_index] <= threshold
    right_index = X[:, feature_index] > threshold
    left = self._build_tree(X[left_index], y[left_index], depth + 1)
    right = self._build_tree(X[right_index], y[right_index], depth + 1)
    return TreeNode(feature_index=feature_index, threshold=threshold, left=left, right=right)


# 训练决策树
def fit(self, X, y):
    self.root = self._build_tree(X, y, 0)


# 预测单个样本
def _predict_one(self, x, node):
    # 如果是叶子节点，返回类别
    if node.value is not None:
        return node.value
    # 根据分裂特征和阈值进行递归预测
    if x[node.feature_index] <= node.threshold:
        return self._predict_one(x, node.left)
    else:
        return self._predict_one(x, node.right)


# 预测多个样本
```

```
    def predict(self, X):
        return np.array([self._predict_one(x, self.root) for x in X])

# 创建决策树模型
tree = DecisionTree(max_depth=2)
tree.fit(X, y)

# 预测新样本
X_new = np.array([[2, 2], [3, 2]])
y_pred = tree.predict(X_new)
print(y_pred)  # 输出 [0 1]
```

代码运行结果如下：

[0 1]

以上代码实现了一个简单的决策树，包括数据集的定义、节点类的定义、决策树类的定义以及决策树的训练和预测。在训练决策树时，使用基尼不纯度来选择最优的分裂特征和阈值。在预测时，使用递归的方式遍历决策树，根据分裂特征和阈值进行预测。

在上述示例中，使用了一个二维的数据集和一个最大深度为 2 的决策树。我们可以根据需要调整数据集和模型的超参数，以得到更好的预测结果。决策树是一种简单而有效的机器学习算法，可以在不需要大量数据预处理和特征工程的情况下，快速构建和部署模型，因此在实际应用中非常常见。

6.3.2　朴素贝叶斯

朴素贝叶斯是一种基于贝叶斯定理和特征条件独立假设的机器学习算法。它是一种简单而高效的算法，尤其适用于处理高维度的数据。它在文本分类、垃圾邮件过滤、情感分析等领域得到了广泛的应用，尤其在自然语言处理领域表现出色。

朴素贝叶斯的主要思想是通过学习数据集中的特征和属性来推断数据集中的类别概率。具体来说，朴素贝叶斯将每个数据样本表示为一个向量，其中每个维度表示一个特征或属性，然后通过计算每个类别对应的条件概率来确定数据样本的类别。

朴素贝叶斯的条件独立假设是指假设每个特征和属性之间相互独立，即给定类别的情况下，每个特征和属性之间不存在任何相关性。虽然这个假设在现实中很难满足，但是朴素贝叶斯仍然具有很好的分类效果。朴素贝叶斯主要有三种类型：高斯朴素贝叶斯、多项式朴素贝叶斯和伯努利朴素贝叶斯。其中，高斯朴素贝叶斯适用于连续型数据，多项式朴素贝叶斯适用于离散型数据，伯努利朴素贝叶斯适用于二元型数据。

朴素贝叶法具有许多优点。首先，它是一种非常简单的算法，易于实现和理解。其次，它适用于高维度的数据，可以处理大量的特征和属性。此外，朴素贝叶斯对缺失数据的表现也很好，可以处理缺失数据的情况。

然而，朴素贝叶斯也存在一些缺点。首先，朴素贝叶斯假设每个特征和属性之间相互独立，这个假设在现实中很难满足。其次，朴素贝叶斯对于输入数据中的噪声和异常值比较敏感。最后，朴素贝叶斯的分类效果可能会受到训练数据的数量和质量的影响。

总之，朴素贝叶斯是一种基于贝叶斯定理和特征条件独立假设的机器学习算法，它可以用于文本分类、垃圾邮件过滤、情感分析等领域。在使用朴素贝叶斯时，需要根据数据集的特点和分析目的选择合适的朴素贝叶斯，并进行特征选择和模型优化，以达到更好的分类效果。同时，我们也需要注意朴素贝叶斯的局限性，以避免出现误判的情况。

下面用一段代码演示了如何使用 Scikit-learn 库中的 GaussianNB 类进行朴素贝叶斯分类。示例代码如下：

```python
# 朴素贝叶斯分类
from sklearn.datasets import load_iris
from sklearn.naive_bayes import GaussianNB
from sklearn.metrics import accuracy_score
import numpy as np
# 加载数据集
iris = load_iris()
X = iris.data
y = iris.target
# 划分训练集和测试集
test_idx = [0, 50, 100]
train_idx = [i for i in range(len(X)) if i not in test_idx]
X_train, y_train = X[train_idx], y[train_idx]
X_test, y_test = X[test_idx], y[test_idx]
# 训练朴素贝叶斯模型
gnb = GaussianNB()
gnb.fit(X_train, y_train)
# 预测测试集
y_pred = gnb.predict(X_test)
# 计算准确率
accuracy = accuracy_score(y_test, y_pred)
print('Accuracy:', accuracy)
# 预测新数据
new_data = np.array([[5.0, 3.5, 1.3, 0.3], [6.0, 2.2, 5.0, 1.5]])
new_pred = gnb.predict(new_data)
print('New data prediction:', new_pred)
```

代码运行结果如下：

Accuracy: 1.0
New data prediction: [0 1]

这段代码演示了如何使用 Scikit-learn 库中的 GaussianNB 类进行朴素贝叶斯分类。首先，加载了鸢尾花数据集，并将其划分为训练集和测试集。然后，创建了一个 GaussianNB 类的实例，并使用训练集进行训练。最后，使用测试集进行预测，并计算了分类器的准确率。

在预测新数据时，创建了一个包含两个样本的新数据集，并使用训练好的分类器进行预测。通过运行这段代码，可以获得朴素贝叶斯分类器的预测结果，并了解如何使用 Scikit-learn 库进行训练和预测。

代码中的关键步骤说明如下：

（1）加载数据集。使用 Scikit-learn 库中的 load_iris() 函数加载鸢尾花数据集，其中 X 存储了特征数据，y 存储了标签数据。

（2）划分训练集和测试集。将数据集中的 3 个样本作为测试集，定义测试集的索引 test_idx 为 [0, 50, 100]，也就是使用第 1、51 和 101 个数据点作为测试集，其余样本作为训练集。

（3）训练朴素贝叶斯模型。使用 Scikit-learn 库中的 GaussianNB 类创建一个朴素贝叶斯分类器，并使用训练集进行训练。

（4）预测测试集。使用训练好的分类器对测试集进行预测，并将预测结果存储在 y_pred 中。

（5）计算准确率。使用 Scikit-learn 库中的 accuracy_score() 函数计算预测准确率，并将结果打印出来。

（6）预测新数据。创建一个包含两个样本的新数据集，并使用训练好的分类器进行预测。将预测结果存储在 new_pred 中，并将结果打印出来。

通过运行这段代码，可以了解如何使用 Scikit-learn 库中的朴素贝叶斯分类。

6.3.3 支持向量机

支持向量机（Support Vector Machine，SVM）是机器学习中的一种强大的分类算法，它在许多实际应用中取得了很好的效果。SVM 的基本思想是将高维空间中的数据点通过一个超平面进行划分，使得不同类别的数据点能够被分到不同的区域。SVM 的核心思想是通过一个超平面将数据点分为不同的类别，超平面是一个决策边界，它能够将不同类别的数据点分开。SVM 的优点在于可以处理高维空间的数据，对于小样本数据集的分类效果较好。

SVM 的训练过程是一个凸优化问题，可以使用凸优化算法进行求解。在寻找最优超平面时，SVM 会考虑到和超平面最近的数据点，这些数据点被称为支持向量。SVM 的目标是找到一个最优的超平面，使得数据点到超平面的距离最大。通常情况下，SVM 会尝试寻找一个最大间隔超平面，即最大化不同类别支持向量之间的距离，这样可以提高分类的准确性。

SVM 不仅可以用于线性分类，还可以通过使用核函数（Kernel Function）将数据映射到高维空间，从而实现非线性分类。核函数可以将数据映射到高维空间中，使得在低维空间中线性不可分的数据，在高维空间中变得线性可分。常用的核函数有线性核、多项式核、径向基函数核等。

SVM 的应用非常广泛，例如文本分类、图像分类、生物信息学等领域。在使用 SVM 时，需要根据数据集的特点和分析目的选择合适的核函数，并进行超参数调整和模型优化，以达到更好的分类效果。在实际应用中，SVM 常常被用于二分类问题，但它也可以扩展到多分类问题，例如使用一对多法（One-vs-Rest）或一对一法（One-vs-One）进行多分类。

下面是一个使用 Scikit-learn 库中的 SVC 类进行 SVM 分类码示例，该示例从鸢尾花数据集中选择前两个特征进行分类，使用线性核进行分类，最后预测新的数据并输出预测结果和准确率。示例代码如下：

```python
# 支持向量机
from sklearn.datasets import load_iris
from sklearn.svm import SVC
from sklearn.metrics import accuracy_score
import numpy as np
# 加载数据集
iris = load_iris()
X = iris.data[:, :2] # 只选择前两个特征
y = iris.target
# 划分训练集和测试集
```

```
test_idx = [0, 50, 100]
train_idx = [i for i in range(len(X)) if i not in test_idx]
X_train, y_train = X[train_idx], y[train_idx]
X_test, y_test = X[test_idx], y[test_idx]
# 训练 SVM 模型
svm = SVC(kernel='linear', C=1.0)
svm.fit(X_train, y_train)
# 预测测试集
y_pred = svm.predict(X_test)
# 计算准确率
accuracy = accuracy_score(y_test, y_pred)
print('Accuracy:', accuracy)
# 预测新数据
new_data = np.array([[4.0, 3.0], [6.0, 3.0]])
new_pred = svm.predict(new_data)
print('New data prediction:', new_pred)
```

代码运行结果如下：

Accuracy: 0.6666666666666666

New data prediction: [0 1]

总之，SVM 是一种非常有用的分类算法，它能够处理高维空间的数据，并且在小样本数据集上表现良好。在使用 SVM 时，需要根据数据集的特点和分析目的选择合适的核函数，并进行超参数调整和模型优化，以达到更好的分类效果。

下面将介绍使用 NumPy 编写 SVM 的示例，该示例演示了如何使用 SVM 对数据进行分类。在介绍之前先用 Scikit-learn 库中的 make_blobs() 函数生成一个二分类数据集，代码如下：

```
from sklearn.datasets import make_blobs
X, y = make_blobs(n_samples=100, centers=2, random_state=42)
```

其中，n_samples 表示生成的样本数，centers 表示生成的类别数，random_state=42 中的 42 是一个随机种子，设置随机种子可确保每次运行代码时都能得到相同的数据集，这对于实验的可重复性很有用。

SVM 的核心是求解一个最大间隔超平面，使得数据点到超平面的距离最大。在实现时，我们需要定义一个损失函数和一个正则化项，并通过求解优化问题来得到最优超平面。

使用 NumPy 编写 SVM 的示例代码如下：

```
import numpy as np
def svm(X, y, lr=0.01, C=1.0, epochs=10000):
# 初始化参数
m, n = X.shape
w = np.zeros(n)
b = 0
losses = []
# 训练模型
for epoch in range(epochs):
# 计算预测结果和损失
y_pred = np.dot(X, w) + b
margin = y * y_pred
```

```
loss = np.maximum(0, 1 - margin)
loss = np.mean(loss) + 0.5 * C * np.sum(w ** 2)
losses.append(loss)
# 计算梯度
idx = np.where(margin < 1)[0]
grad_w = w - C * np.dot(y[idx], X[idx])
grad_b = -C * np.sum(y[idx])
# 更新参数
w -= lr * grad_w
b -= lr * grad_b
# 返回参数和损失
return w, b, losses
```

其中，X 表示数据集，y 表示标签，lr 表示学习率，C 表示正则化系数，epochs 表示迭代次数。

在上面这段代码中，定义了一个 svm() 函数来训练模型，在训练过程中，使用了随机梯度下降算法来更新参数，并计算了损失函数的值。

使用上述代码对数据集进行训练，并绘制损失函数的变化曲线，代码如下：

```
import matplotlib.pyplot as plt
w, b, losses = svm(X, y)
plt.plot(losses)
plt.xlabel('Epoch')
plt.ylabel('Loss')
plt.show()
```

代码运行结果如图 6-2 所示。

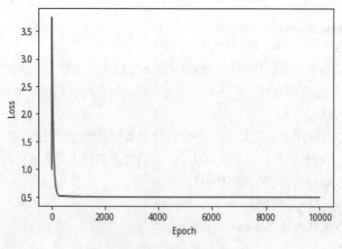

图 6-2　损失函数变化曲线

从图 6-2 中可以看出，随着迭代次数的增加，损失函数的值逐渐减小，说明模型在训练过程中逐渐收敛。

可以使用训练好的模型对新的数据进行预测，代码如下：

```
# 预测新数据
new_X = np.array([[0, 0], [4, 4], [8, 8]])
new_y = np.dot(new_X, w) + b
print('New data prediction:', np.sign(new_y))
```

代码运行结果如下：

New data prediction: [-1. 1. 1.]

从结果中可以看出，模型成功地对新的数据进行了分类。

SVM 是一种非常常用的分类算法，它能够处理高维空间的数据，并且在小样本数据集上表现良好。在使用 SVM 时，需要根据数据集的特点和分析目的选择合适的核函数，并进行超参数调整和模型优化，以达到更好的分类效果。

6.3.4 神经网络

神经网络（Neural Network，NN）是一种仿造生物神经网络结构和功能的数学模型，它由大量的神经元相互连接而成，能够模拟人脑处理信息的方式。神经网络可以用于分类、回归、聚类、降维等多种机器学习任务，具有较强的模式识别和自适应学习能力。

神经网络由输入层、隐藏层和输出层组成，每层由多个神经元（节点）连接而成。输入层接收外部输入数据，输出层给出模型的输出结果，隐藏层则进行中间特征的提取和转换。神经网络的核心是权重和偏置，它们对输入数据进行加权计算，通过激活函数得到输出结果。

神经网络的训练过程是通过反向传播（Back Propagation，BP）算法来实现的。在训练过程中，神经网络根据给定的输入数据和输出结果，不断调整权重和偏置，使得模型的预测结果与真实结果之间的误差最小化。反向传播算法通过链式法则计算出误差对每个节点的影响，从而实现误差的反向传播和参数的更新。

神经网络的优点在于能够处理非线性关系，适用于大规模数据和高维度数据，具有较强的泛化能力。但是，神经网络也存在一些缺点，例如训练时间较长、容易陷入局部最优、需要大量的训练数据和计算资源等。在使用神经网络时，需要根据数据集的特点和分析目的选择合适的网络结构和激活函数，并进行超参数调整和模型优化，以达到更好的分类效果。

Python 实现神经网络的示例代码如下：

```python
# Python 实现神经网络
import numpy as np
import matplotlib.pyplot as plt


# 定义 sigmoid() 函数
def sigmoid(x):
    return 1 / (1 + np.exp(-x))


# 定义神经网络模型
class NeuralNetwork:
    def __init__(self, input_size, hidden_size, output_size):
        self.input_size = input_size
        self.hidden_size = hidden_size
        self.output_size = output_size

        # 初始化参数
        self.W1 = np.random.randn(self.input_size, self.hidden_size)
```

```python
        self.b1 = np.zeros(self.hidden_size)
        self.W2 = np.random.randn(self.hidden_size, self.output_size)
        self.b2 = np.zeros(self.output_size)

    # 前向传播算法
    def forward(self, X):
        self.z1 = np.dot(X, self.W1) + self.b1
        self.a1 = sigmoid(self.z1)
        self.z2 = np.dot(self.a1, self.W2) + self.b2
        y_pred = sigmoid(self.z2)
        return y_pred

    # 反向传播算法
    def backward(self, X, y, y_pred, lr):
        delta2 = (y_pred - y) * y_pred * (1 - y_pred)
        dW2 = np.dot(self.a1.T, delta2)
        db2 = np.sum(delta2, axis=0)
        delta1 = np.dot(delta2, self.W2.T) * self.a1 * (1 - self.a1)
        dW1 = np.dot(X.T, delta1)
        db1 = np.sum(delta1, axis=0)

        # 更新参数
        self.W2 -= lr * dW2
        self.b2 -= lr * db2
        self.W1 -= lr * dW1
        self.b1 -= lr * db1

    # 训练模型
    def train(self, X, y, lr, epochs):
        losses = []
        for epoch in range(epochs):
            # 前向传播
            y_pred = self.forward(X)

            # 计算损失函数
            loss = np.mean((y_pred - y) ** 2) / 2
            losses.append(loss)

            # 反向传播
            self.backward(X, y, y_pred, lr)

        # 绘制损失函数曲线
        plt.plot(losses)
        plt.xlabel('Epoch')
        plt.ylabel('Loss')
        plt.show()

# 测试模型
```

```
    def test(self, X):
        y_pred = self.forward(X)
        return y_pred


# 加载数据集
X = np.array([[0, 0], [0, 1], [1, 0], [1, 1]])
y = np.array([[0], [1], [1], [0]])

# 创建神经网络模型
nn = NeuralNetwork(2, 10, 1)

# 训练模型
nn.train(X, y, lr=0.1, epochs=10000)

# 预测新数据
new_X = np.array([[0, 0], [0, 1], [1, 0], [1, 1]])
y_prcd = nn.test(new_X)


print('New data prediction:', y_pred)
```

上述代码实现了一个简单的神经网络模型，用于解决异或逻辑运算问题。模型使用了两个隐藏层，分别包含 10 个神经元。模型的输入为二维数据，输出为一个类别的概率。模型使用了 sigmoid() 函数作为激活函数。在训练过程中，使用了反向传播算法来更新参数。

代码运行结果如下：

New data prediction: [[0.02558357]

  [0.95768343]

  [0.96548322]

  [0.04883366]]

得到的损失函数曲线如图 6-3 所示。

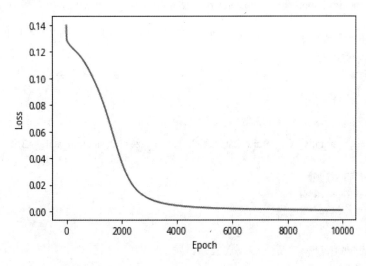

图 6-3　损失函数曲线

神经网络是一种非常强大的工具，可以用于许多领域，例如图像识别、语音识别、自然语言处理等。上面这个示例能够帮助我们更好地理解神经网络的实现原理。

回归

6.4　回　归

回归是一种用于预测数值型数据的机器学习算法。它通过建立一个数学模型来描述自变量和因变量之间的关系，并使用该模型来进行预测。

回归可以分为线性回归和非线性回归两种类型。线性回归是指自变量和因变量之间存在线性关系的情况，例如通过房屋面积来预测房价。非线性回归是指自变量和因变量之间存在非线性关系的情况，例如通过多项式拟合来预测销售量。

回归通常包括以下几个步骤：

（1）导入数据集。

（2）数据预处理，包括特征选择、缺失值处理和数据标准化等。

（3）建立回归模型，包括选择合适的模型和参数调整等。

（4）评估模型性能，包括计算误差和绘制学习曲线等。

（5）使用模型进行预测。

回归在实际应用中非常常见，例如金融预测、股票预测、销售预测、医学诊断等。学习完本节能够帮助我们更好地了解回归的基本概念和应用场景。

6.4.1　线性回归

线性回归是一种最简单的机器学习算法，它可以用于预测连续型变量，例如房价、股票价格等。下面是使用 Scikit-learn 库中的 LinearRegression 类实现线性回归的示例，该示例使用波士顿房价数据集进行训练和测试，目标是预测房屋价格。示例代码如下：

```
# 线性回归
from sklearn.datasets import load_boston
from sklearn.linear_model import LinearRegression
from sklearn.model_selection import train_test_split
from sklearn.metrics import mean_squared_error, r2_score

# 导入数据集
boston = load_boston()
X = boston.data
y = boston.target

# 划分训练集和测试集
X_train, X_test, y_train, y_test = train_test_split(X, y, test_size=0.2, random_state=42)

# 初始化线性回归模型
model = LinearRegression()

# 训练模型
model.fit(X_train, y_train)

# 预测测试集
y_pred = model.predict(X_test)

# 评估模型性能
```

```
mse = mean_squared_error(y_test, y_pred)
r2 = r2_score(y_test, y_pred)
print(f"MSE: {mse:.2f}, R2: {r2:.2f}")
```

在这个示例中，首先导入波士顿房价数据集，然后使用 train_test_split() 函数将数据集划分为训练集和测试集。接着，初始化一个 LinearRegression 对象，并使用 fit() 方法训练模型。最后，使用 predict() 方法对测试集进行预测，并使用 mean_squared_error() 和 r2_score() 函数评估模型的性能。代码运行结果如下：

MSE: 24.29, R2: 0.67

其中，MSE 表示均方误差；R2 表示决定系数，其值越接近 1 表示模型性能越好。线性回归是一种基础的机器学习算法，它可以用于预测数值型数据，并且具有较好的可解释性和稳定性。在实际应用中，线性回归模型除了可以用于预测股票价格、房屋价格、商品销售量等之外，也可以用于完成特征工程，例如特征选择和特征降维等。这个示例能够帮助我们更好地理解线性回归的实现原理和应用场景。

6.4.2　非线性回归

SVR 是支持向量回归（Support Vector Regression）的英文缩写，它是 Scikit-learn 库中 SVM 的重要应用分支。下面是使用 SVR 类实现非线性回归的示例，该示例使用 make_regression() 函数生成一个带有噪声的非线性数据集，并使用 SVR 类拟合数据集，目标是预测输入 x 对应的输出 y。示例代码如下：

```
# 非线性回归
import numpy as np
import matplotlib.pyplot as plt
from sklearn.datasets import make_regression
from sklearn.svm import SVR
from sklearn.metrics import mean_squared_error, r2_score

# 生成数据集
X, y = make_regression(n_samples=100, n_features=1, noise=5, random_state=42)

# 初始化非线性回归模型
model = SVR(kernel='rbf', C=100, gamma='auto')

# 训练模型
model.fit(X, y)

# 预测新数据
X_new = np.linspace(-3, 3, num=100).reshape(-1, 1)
y_new = model.predict(X_new)

# 绘制结果
plt.scatter(X, y, label='data')
plt.plot(X_new, y_new, color='r', label='nonlinear regression')
plt.legend()
plt.show()
```

在这个示例中，首先使用 make_regression() 函数生成一个带有噪声的非线性数据集，并使用 SVR 类拟合数据集。接着，使用 np.linspace() 函数生成一组新的输入数据，并使用 predict() 方法预测对应的输出数据。最后，使用 Matplotlib 库绘制原始数据和拟合结果。代码运行结果如图 6-4 所示。

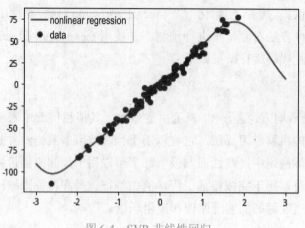

图 6-4 SVR 非线性回归

非线性回归是一种可以预测非线性数据的机器学习算法，并且可以通过调整模型的超参数来优化模型效果。这个示例能够帮助我们更好地理解非线性回归的实现原理和应用场景。

聚类

6.5 聚 类

聚类是一种用于将数据样本分组的机器学习算法。它通过将相似的数据样本归为一组来实现数据的分类。

聚类可以分为层次聚类和非层次聚类两种类型。层次聚类是指从一个包含所有数据样本的大簇开始，不断划分子簇，直到每个子簇只包含一个数据样本为止。非层次聚类是指直接对数据样本进行划分，不考虑簇的层次结构。

聚类通常包括以下几个步骤：

（1）导入数据集。

（2）数据预处理，包括特征选择、缺失值处理和数据标准化等。

（3）建立聚类模型，包括选择合适的模型和参数调整等。

（4）评估模型性能，包括计算误差和绘制学习曲线等。

（5）使用模型进行预测。

聚类在实际应用中非常常见，可用于市场细分、社交网络分析、医学诊断等。学习完本节能够帮助我们更好地了解聚类的基本概念和应用场景。

6.5.1 层次聚类

由上文可知，层次聚类从一个包含所有数据样本的大簇开始，不断划分子簇，直到每个子簇只包含一个数据样本为止。这种聚类方法通常使用一个树状结构（称为聚类树）来表示数据样本之间的相似度或距离关系。层次聚类可以进一步分为凝聚型（自下而上）和分裂型（自上而下）两种类型。凝聚型层次聚类是指从单个数据样本开始，逐步将相似的

样本合并为越来越大的簇，直到所有样本都被合并为一个大簇为止。分裂型层次聚类是指
从一个包含所有数据样本的大簇开始，逐步将该簇划分为越来越小的子簇，直到每个子簇
只包含一个数据样本为止。Python 实现层次聚类的示例代码如下：

```python
# 层次聚类
import numpy as np
import pandas as pd
import matplotlib.pyplot as plt
from sklearn.datasets import load_iris
from scipy.cluster.hierarchy import linkage, dendrogram

# 导入数据集
# data = pd.read_csv('data.csv', index_col=0)
iris = load_iris()
data1= pd.DataFrame(data=iris['data'], columns=iris['feature_names'])
# 此处只取了前 30 个数据
data = data1[0:31]
X = np.array(data)

# 计算数据样本之间的距离矩阵
dist_matrix = linkage(X, method='ward')

# 绘制谱系聚类图
plt.figure(figsize=(10, 8))
dendrogram(dist_matrix, labels=data.index, leaf_rotation=90, leaf_font_size=12)
plt.xlabel('Sample index')
plt.ylabel('Distance')
plt.title('Hierarchical clustering of samples')
plt.show()
```

代码运行结果如图 6-5 所示。

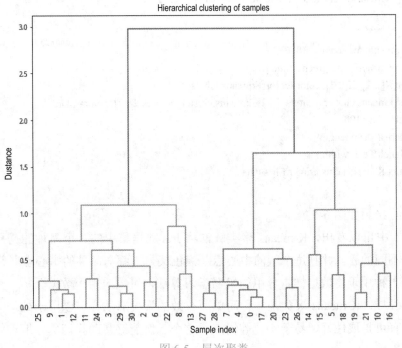

图 6-5　层次聚类

6.5.2 非层次聚类

非层次聚类是指直接对数据样本进行划分，不考虑簇的层次结构。其中最常见的非层次聚类是 K-means 聚类。K-means 聚类是一种基于距离划分的聚类算法，它将数据样本划分为 K 个不同的簇，使得每个簇内的数据点与该簇的质心（中心点）之间的距离最小，而不同簇之间的距离最大。

K-means 聚类通常包括以下几个步骤：

（1）初始化 K 个质心，可以随机选择或手动指定。

（2）将每个数据样本划分至离其最近的质心所在的簇中。

（3）根据每个簇中的数据点重新计算该簇的质心。

（4）重复步骤（2）和步骤（3），直到质心不再发生变化或达到最大迭代次数为止。

K-means 聚类的优点包括简单、易于实现和可扩展性好等，因此在实际应用中非常常见。

以下代码演示了使用 K-means 聚类对 Iris 数据集进行聚类的过程，并展示了聚类结果的可视化图形。Iris 数据集是一个经典的机器学习数据集，包含了 3 个品种的鸢尾花（山鸢尾、变色鸢尾和维吉尼亚鸢尾）的 4 个特征（花萼长度、花萼宽度、花瓣长度、花瓣宽度），每个品种有 50 个样本。示例代码如下：

```python
# 非层次聚类
import numpy as np
import matplotlib.pyplot as plt
from sklearn.datasets import load_iris
from sklearn.cluster import KMeans
# 导入数据集
iris = load_iris()
X = iris.data
y = iris.target
# 建立 K-means 聚类模型
kmeans = KMeans(n_clusters=3, random_state=0)
kmeans.fit(X)
# 可视化聚类结果
fig, ax = plt.subplots(figsize=(8, 6))
colors = np.array(['red', 'green', 'blue'])
ax.scatter(X[:, 2], X[:, 3], color=colors[kmeans.labels_])
ax.scatter(kmeans.cluster_centers_[:, 2], kmeans.cluster_centers_[:, 3], color='black', marker='x', s=100)
ax.set_xlabel('Petal length')
ax.set_ylabel('Petal width')
ax.set_title('K-means clustering of Iris dataset')
plt.show()
```

代码运行结果如图 6-6 所示。

从图 6-6 中可以看出，K-means 聚类算法将 Iris 数据集中的 3 个品种的鸢尾花成功地划分为 3 个不同的簇，并且每个簇的中心点（黑色叉号）都与品种的中心点非常接近。

聚类是一种用于将数据样本分组的机器学习算法，可以应用于数据分析、数据挖掘和机器学习等领域。K-means 聚类是一种简单而有效的聚类算法，可以用于处理大规模数据集，并且具有可扩展性好、易于实现等优点。这个示例能够帮助我们更好地理解聚类的实现原理和应用场景。

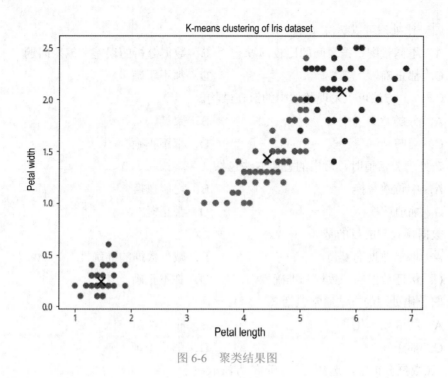

图 6-6　聚类结果图

本 章 小 结

　　数据分析方法作为数据分析的理论部分，有概览全貌的作用，本章中为了方便实验，采用了扩展库中的数据，没有使用数据文件导入数据，导入数据文件的数据处理与此类似。关键要理解不同数据分析方法的思路和处理问题的过程，这样才可以在拿到数据后有的放矢，从大的方向上把控这些数据应采用怎样的分析方法。

练 习 6

一、选择题

1. 在数据分析中，（　　　）方法可以用于预测未来的趋势和结果。
　　A. 分类　　　　　　　　　　　　B. 聚类
　　C. 回归　　　　　　　　　　　　D. 都不正确

2. 数据预处理包括（　　　）。
　　A. 去重　　　　　　　　　　　　B. 缺失值填充
　　C. 异常值处理　　　　　　　　　D. 都正确

3. 缺失值处理的常用方法包括（　　　）。
　　A. 删除缺失值　　　　　　　　　B. 替换缺失值
　　C. 都正确　　　　　　　　　　　D. 都不正确

4. 在处理缺失值时，需要考虑（　　　）。
　　A. 缺失值的类型　　　　　　　　B. 缺失值的数量
　　C. 数据集的大小　　　　　　　　D. 所有选项都正确

5. 归一化处理可以解决（　　）。
　　A. 不同量纲数据之间的比较问题　　B. 数据分析的误差和偏差问题
　　C. 都正确　　D. 都不正确

6. （　　）方法可以发现数据中的潜在结构。
　　A. 分类　　B. 聚类
　　C. 回归　　D. 都不正确

7. 在处理异常值时，常用的替换方法包括（　　）。
　　A. 中位数替换　　B. 均值替换
　　C. 插值替换　　D. 都正确

8. 数据预处理的目的是（　　）。
　　A. 增加数据的噪声　　B. 减少数据的准确性
　　C. 保证数据的一致性和准确性　　D. 都不正确

9. 归一化处理的方法通常包括（　　）。
　　A. 线性归一化　　B. 非线性归一化
　　C. 都正确　　D. 都不正确

10. 在数据分析中，选择一个合适的方法取决于（　　）。
　　A. 数据本身　　B. 分析目的
　　C. 所有选项都正确　　D. 都不正确

11. 神经网络可以用于（　　）。
　　A. 图像识别　　B. 语音识别
　　C. 自然语言处理　　D. 以上都是

12. 线性回归适用于（　　）。
　　A. 预测股票价格　　B. 预测房屋价格
　　C. 预测商品销售量　　D. 以上都是

13. 以下（　　）是聚类。
　　A. 决策树　　B. 随机森林
　　C. 线性回归　　D. K-means

14. 以下（　　）是非层次聚类。
　　A. K-means　　B. DBSCAN
　　C. 层次聚类　　D. 均值漂移

15. 以下（　　）库可以用于进行聚类分析。
　　A. Pandas　　B. NumPy
　　C. Matplotlib　　D. Scikit-learn

二、填空题

1. ＿＿＿＿＿＿是数据预处理过程中的一项重要任务，它可以将数据转换为特定范围内的数值，以便于比较和分析不同的数据集。

2. ＿＿＿＿＿＿是指数据集中存在的一些与其他数据明显不同的极端值。

3. ＿＿＿＿＿＿的存在可能会对数据的分析和结果产生负面影响，因为它们可能会导致数据的偏差和不准确性。

4._____是预测值和真实值之间的差异平方的平均值。

5._____是模型在训练集上表现很好，但在测试集上表现很差的现象。

三、简答题

1．什么是数据预处理？

2．简述非线性回归的工作原理。

3．简述决策树的工作原理。

4．简述神经网络的工作原理。

5．简述支持向量机的工作原理。

6．什么是聚类？它的作用是什么？

7．请简述 K-means 聚类的工作原理。

8．请简述层次聚类的工作原理。

第7章 电影数据分析

本章导读

电影评分网站用户每天都在对"看过"的电影进行"很差"到"力荐"的评价，网站根据每部影片看过的人数以及该影片所得的评价等综合数据，通过算法分析产生电影评价和排行。本项目对于影片评分、上映时间、评论人数、制作国家、电影类型、影片描述进行分析，期望为"渴望寻找优秀影片的观影者"选择电影提供若干参考建议，或者帮助"电影制片方"找到导演、演员、编剧等最佳组合，拍出好的电影。

本章要点

- 数据清洗
- 数据可视化

7.1 项目简介

有关电影评分等数据分析的项目较多，本项目的代码为单独编写，没有使用已有的函数代码，从数据分析的角度来说，这有助于锻炼编写代码的能力，对分析过程细节把握较好，同时可以很好地反思分析过程中出现的问题。

电影数据集各有不同，本项目数据集包含 16752 个样本，首先进行数据预处理，检测一下数据是否规整，然后对数据进行分析。

7.2 代码实现

数据集"电影数据 .csv"与代码在同一目录下，先对数据进行读取，随后定义函数，进行数据处理和数据可视化。

7.2.1 数据清洗

先对数据进行检查，处理缺失值、异常值等，数据分析操作在前面章节已详细介绍过，此处不再赘述，示例代码如下：

电影数据分析

```
import pandas as pd
import numpy as np
df = pd.read_csv(' 电影数据 .csv',encoding='gbk')
# 去除重复数据
df1 = df.drop_duplicates(keep='first')
# 将爬取出来的数据中的 "无" 改为 NaN 值
```

```
df2 = df1.replace(to_replace=' 无 ',value=np.nan)
# 去除带有空的值
df3 = df2.dropna(how='any',axis=0)
data = df3
# 查看数据形状
df.shape
```

代码运行结果如下：

(16752, 10)

查看列标签，代码如下：

```
# 查看列标签
df.columns
```

代码运行结果如下：

Index([' 名称 ',' 评分 ',' 导演 ',' 编剧 ',' 主演 ',' 类型 ',' 语言 ',' 产地 ',' 上映日期 ',' 片长 '],
 dtype='object')

进行数据预览，代码如下：

```
# 数据预览
df.head()
```

代码运行结果如图 7-1 所示。

	名称	评分	导演	编剧	主演	类型	语言	产地	上映日期	片长
0	茶馆	9.5	谢添	老舍	于是之,郑榕,蓝天野,英若诚,黄宗洛,童超,金昭,林连昆,牛星丽,谭宗尧,童弟,吴淑昆,胡宗...	剧情,历史	北京话	中国大陆	1982	118分钟
1	没事偷着乐	7.7	杨亚洲	崔砚君,刘恒,孙毅安	冯巩,丁嘉丽,郑卫莉,气壳,李明启,侯耀华,李婉芬,韩善续,蔡国庆,牛群,唐杰忠,李丁,郭达...	喜剧	汉语普通话/天津方言	中国大陆	1999-01-07(中国大陆)	106分钟

图 7-1 数据预览（部分）

查看数据类型，代码如下：

```
# 查看数据类型
df.dtypes
```

代码运行结果如下：

名称	object
评分	object
导演	object
编剧	object
主演	object
类型	object
语言	object
产地	object
上映日期	object
片长	object

dtype: object

进行汇总统计，代码如下：

```
# 汇总统计（数量、分布指标）: describe
df.describe(include='all')
```

代码运行结果如图 7-2 所示。

	名称	评分	导演	编剧	主演	类型	语言	产地	上映日期	片长
count	16752	16752	16750	14084	16751	16752	16752	16752	16752	16752
unique	15645	79	7937	10845	15263	1398	1208	925	10877	1010
top	周六夜现场	7.9	无	王晶	无	剧情	汉语普通话	中国大陆	无	无
freq	22	1290	774	33	591	2791	6771	7723	1442	2557

图 7-2　汇总统计

进行缺失值处理，先查询，若存在缺失值则进行处理，代码如下：

```
# 缺失值查询与处理：isnull.sum、dropnan
df.isnull()  # 是缺失值：1/True, 不是：0/False
```

代码运行结果如图 7-3 所示。

	名称	评分	导演	编剧	主演	类型	语言	产地	上映日期	片长
0	False	False	False	False	False	False	False	False	False	False
1	False	False	False	False	False	False	False	False	False	False
2	False	False	False	False	False	False	False	False	False	False
3	False	False	False	True	False	False	False	False	False	False
4	False	False	False	False	False	False	False	False	False	False
...	...	...	...	...	...	...	...	...	...	...
16747	False	False	False	True	False	False	False	False	False	False
16748	False	False	False	False	False	False	False	False	False	False
16749	False	False	False	False	False	False	False	False	False	False
16750	False	False	False	False	False	False	False	False	False	False
16751	False	False	False	False	False	False	False	False	False	False

16752 rows × 10 columns

图 7-3　缺失值查询

汇总每个特征的缺失值数量，代码如下：

```
df.isnull().sum()  # 不存在缺失值
```

代码运行结果如下：

```
名称        0
评分        0
导演        2
编剧        2668
主演        1
类型        0
语言        0
产地        0
上映日期      0
片长        0
dtype: int64
```

对重复值进行查询与处理，代码如下：

```
# 重复值查询与处理：duplicated、drop_duplicated
df.duplicated()
```

代码运行结果如下：

```
0        False
```

```
1       False
2       False
3       False
4       False
        ...
16747   False
16748   False
16749   False
16750   False
16751   False
Length: 16752, dtype: bool
```

对重复值进行汇总，代码如下：

```
# 重复值汇总
df.duplicated().sum()
```

代码运行结果如下：

611

7.2.2　编程打分

自编代码进行打分处理，生成新文件，示例代码如下：

```
# 定义得到各列数据的列表函数
def get_data_list(column_name):
    list1 = []
    for i in range(len(data[column_name])):
        member = data[column_name].iloc[i]
        # 将字符串转换为列表，方便去重和处理
        member = member.split(',')
        list1.extend(member)
        # 存放所有的成员名称，且去重
        list1 = list(set(list1))
        # 处理成员列表中的异常数据
    # 处理空格
    list2 = []
    for i in list1:
        if ' ' in i:
            b = i.index(' ') - 1
            if not((ord(i[b]) <= 90 and ord(i[b]) >= 65) or (ord(i[b]) <= 122 and ord(i[b]) >= 97)):
                i = i.split(' ')
                list2.extend(i)
            else :
                list2.append(i)
        else :
            list2.append(i)
    # 处理顿号
    list3 = []
    for i in list2:
        i = i.split('、')
        list3.extend(i)
        list3 = list(set(list3))
    list4 = []
```

```
        # 删除空格数据
        for i in list3:
            if len(i) != 0:
                list4.append(i)
        return list4



# 定义计算个人评分的函数
def get_personal_level(personal_name,profession_name):
    score = 0
    count = 0
    try:
        print(' 执行 ')
        for i in range(len(data[profession_name])):
            if personal_name in data[profession_name].iloc[i]:
                count += 1
                score = score + float(data[' 评分 '].iloc[i])
                level = score / count
                print(level)
                print(' 完成 ')


    except :
        level = 0
        print(' 没有分数 ')
    return level


def get_profession_level(profession_list,profession_name):
    dict1 = {}
    print(profession_name)
    for i in profession_list:
        level = get_personal_level(i,profession_name)
        dict1[i] = level
    return dict1
# 处理导演数据
# 定义计算导演执导水平的函数
def get_dirctor_level(group_name):
    score = 0
    for i in range(len(group_name)):
        moive_score = float(group_name[' 评分 '].iloc[i])
        score = score + moive_score
        level = score/(i+1)
    return level


def get_end_score(level_dict,profession_name):
    end_score = []
    for i in data[profession_name]:
        try:
            value = i.split(',')
            if len(value) == 1:
```

```
            level = level_dict[value[0]]
            end_score.append(level)
        elif len(value) == 2:
            level = (0.6 * level_dict[value[0]]) + (0.4 * level_dict[value[1]])
            end_score.append(level)
        elif len(value) == 3:
            level = (0.5 * level_dict[value[0]]) + (0.3 * level_dict[value[1]]) + (0.2 * level_dict[value[2]])
            end_score.append(level)
        elif len(value) == 4:
            level = (0.5 * level_dict[value[0]]) + (0.2 * level_dict[value[1]]) + (0.2 * level_dict[value[2]]) +
                    (0.1 * level_dict[value[3]])
            end_score.append(level)
        else :
            level = (0.5 * level_dict[value[0]]) + (0.2 * level_dict[value[1]]) + (0.1 * level_dict[value[2]]) +
                    (0.1 * level_dict[value[3]]) + (0.1 * level_dict[value[4]])
            end_score.append(level)
    except :
        level = 0
        end_score.append(level)
return end_score
```

运行后为方便后面调用，分别对导演、编剧和主演进行分数评判。示例代码如下：

```
# 调用函数，得到导演和主演的人员列表
scriptwriter_list = get_data_list(' 编剧 ')
actor_list = get_data_list(' 主演 ')


# 计算导演执导水平
# 得到导演的分组
driector = data.groupby([' 导演 '])
driector_dict = {}
for j in driector.count().index:
    driector_all_movies = driector.get_group(j)
    level = get_dirctor_level(driector_all_movies)
    driector_dict[j] = level


# 调用函数计算编剧的水平和主演的水平
scriptwriter_level_dict = get_profession_level(scriptwriter_list,' 编剧 ')
actor_level_dict = get_profession_level(actor_list,' 主演 ')


# 调用函数对导演进行评分
driector_score = []
for i in data[' 导演 ']:
    score = driector_dict[i]
    driector_score.append(score)
driector_score = pd.DataFrame(driector_score)
driector_score.columns = [' 导演水平 ']


# 调用函数对处理编剧和主演进行评分
scriptwriter_score = get_end_score(scriptwriter_level_dict,' 编剧 ')
scriptwriter_score = pd.DataFrame(scriptwriter_score)
scriptwriter_score.columns = [' 编剧水平 ']
actor_score = get_end_score(actor_level_dict,' 主演 ')
```

```
actor_score = pd.DataFrame(actor_score)
actor_score.columns = [' 主演水平 ']
```

部分代码运行结果如图 7-4 所示。

```
                        编剧
                        执行
                        8.9
                        完成
                        8.45
                        完成
                        7.8
                        完成
                        7.425
                        完成
                        6.720000000000001
                        完成
                        执行
                        7.5
                        完成
                        执行
                        8.1
                        完成
                        执行
```

图 7-4   分数评判部分运行结果

下面这个程序循环较多，根据电脑配置，运行时间略有不同，若时间较长请耐心等待，示例代码如下：

```
score = []
for i in data[' 评分 ']:
    i = float(i)
    score.append(i)
score = pd.DataFrame(score)
scriptwriter_score = pd.DataFrame(scriptwriter_score)
data1 = pd.concat([score,driector_score,scriptwriter_score,actor_score],axis=1)
data1.columns = [' 评分 ',' 导演水平 ',' 编剧水平 ',' 主演水平 ']
data1
```

整个评分过程运行时间较长，约 120 分钟（八核 1.8G 处理器、8G 内存），将结果分别保存至导演水平、编剧水平、主演水平文件中，以备不时之需，也可以随时预览这些数据。保存相关文件的代码如下：

```
# 保存导演水平
name1 = list(driector_dict.keys())
score1 = list(driector_dict.values())
name1 = pd.DataFrame(name1)
score1 = pd.DataFrame(score1)
df2 = pd.concat([name,score],axis=1)
df2.columns = [' 导演姓名 ',' 导演水平 ']
# 保存编剧水平
name2 = list(scriptwriter_level_dict.keys())
score2 = list(scriptwriter_level_dict.values())
name2 = pd.DataFrame(name2)
score2 = pd.DataFrame(score2)
df3 = pd.concat([name2,score2],axis=1)
```

```
df3.columns = [' 编剧姓名 ',' 编剧水平 ']

# 保存主演水平
name3 = list(actor_level_dict.keys())
score3 = list(actor_level_dict.values())
name3 = pd.DataFrame(name3)
score3 = pd.DataFrame(score3)
df4 = pd.concat([name3,score3],axis=1)
df4.columns = [' 主演姓名 ',' 主演水平 ']

# 保存数据水平
df2.to_csv(' 导演水平 .csv',index=False,encoding='gbk')
df3.to_csv(' 编剧水平 .csv',index=False,encoding='gbk')
df4.to_csv(' 主演水平 .csv',index=False,encoding='gbk')
```

至此评分完成，三个文件保存在同一目录下，下面对数据进行分析处理。

7.2.3　其他数据类型处理

处理片长、类型、语言、产地和上映日期，示例代码如下：

```
import pandas as pd
import numpy as np
import re
import matplotlib.pyplot as plt
import jieba


path = ' 电影数据 .csv'
df = pd.read_csv(path,encoding='gbk')
# 去除重复数据
df1 = df.drop_duplicates(keep='first')
# 将爬取出来的数据中的 "无" 改为 NaN 值
df2 = df1.replace(to_replace=' 无 ',value=np.nan)
# 去除带有空的值
df3 = df2.dropna(how='any',axis=0)


# 统计各种类型的个数

jieba.add_word(' 喜剧 ')
all_words = []
words = list(df3[' 类型 '])
for word in words:
    for i in jieba.lcut(word):
        all_words.append(i)


counts = {}     # 构造字典
for word in all_words:
    if len(word) == 1:
        continue
    else:
        counts[word] = counts.get(word,0) + 1
```

```
items = list(counts.items())   # 转换为列表类型
items.sort(key=lambda x:x[1], reverse=True)

# 查看前 20 个单词
for i in range(39):
    word, count = items[i]
    print("{0:<2}{1:>5}".format(word, count))
# 画饼图
# 存放索引
key_list = []
# 存放值
value_list = []
for i in items:
    key_list.append(i[0])
    value_list.append(i[1])
# 将数据保存到 DataFrame 中
type_df = pd.DataFrame(value_list)
type_df.index = key_list
type_df.columns = [' 数量 ']
type_df.plot(kind='bar',figsize=(15,5))
plt.title(' 类型 ')
plt.show()

# 画类型评分均值图
score = [8.196,8.053,7.975,7.940,8.413,8.218,7.946,8.160,7.894,8.099,8.188,8.305,8.223,8.358,7.794,
        8.349,8.464,7.680,8.012,8.236,7.824,8.483,8.356]
len(score)
def autolabel(rects):
    for rect in rects:
        height = rect.get_height()
        plt.text(rect.get_x()+rect.get_width()/2 -0.25,1.01*height,'%s'%int(height))
fig = plt.figure(figsize=(20,5))
ax1 = fig.add_subplot(111)
color = ['c','r','g','c','m','b','y','c','r','b','r','g','c','m','b','y','c','r','c','r']
a = ax1.bar(key_list[:23],value_list[:23],color=color)
autolabel(a)
plt.ylabel(' 数量 ',size=15)
ax2 = ax1.twinx()
ax2.plot(key_list[:23],score,color='r',marker='*',markerfacecolor='b',markersize=15)
plt.title(' 各类型数量及评分均值图 ',size=18)
plt.ylabel(' 评分 ',size=15)
for c,d in zip(key_list[:23],score):
    plt.text(c,d,d,ha='center',va='bottom',fontsize=15)
plt.show()
```

处理完成后可以画出相应的词云图，示例代码如下：

```
from wordcloud import WordCloud
# 将列表转换为字符串
space_word_list = ' '.join(key_list)

# 创建对象
word = WordCloud(
```

```
        font_path='simfang.ttf',      # 设置字体，本机的字体
        background_color='white',     # 设置背景颜色
        max_font_size=150,            # 设置字体最大值
        max_words=2000,               # 设置最大显示字数
        ).generate(space_word_list)
image = word.to_image()
word.to_file(' 云词图 .png') # 保存图片
image.show()
```

下面编写通用函数，方便处理并了解处理细节。示例代码如下：

```
# 编写通用函数
def get_personal_level(personal_name,profession_name):
    score = 0
    count = 0
    try:
        print(' 执行 ')
        for i in range(len(data[profession_name])):
            print(i)
            if personal_name in data[profession_name].iloc[i]:
                count += 1
                score = score + float(data[' 评分 '].iloc[i])
                level = score / count


    except :
        level = 0
        print(' 没有分数 ')
    return level



def get_profession_level(profession_list,profession_name):
    dict1 = {}
    print(profession_name)
    for i in profession_list:
        level = get_personal_level(i,profession_name)
        dict1[i] = level
    return dict1



# 定义处理类型的函数
def get_end_score(level_dict,profession_name):
    end_score = []
    for i in data[profession_name]:
        value = i.split(',')
        level = 0
        for j in value:
            try :
                level += type_level_dict[j] * q_df[j]
            except :
                level = 0


        end_score.append(level)
```

```
    return end_score

type_df1 = type_df.iloc[0:19,:]
q_list = []
for i in range(len(type_df1)):
    q = type_df1.iloc[i,0]/type_df1.sum().values[0]
    q_list.append(q)

q_df = pd.Series(q_list)
q_df.index = type_df.index[0:19]


# 调用函数处理类型，得到类型水平字典
data = df3
type_level_dict = get_profession_level(type_df.index,' 类型 ')
# 调用函数得到数据中类型的分数
type_score = get_end_score(type_level_dict,' 类型 ')
# 将字典转换为 DataFrame 对象
type_score = pd.DataFrame(type_score)
type_score
```

代码运行结果如图 7-5 所示。

	0
0	0.813667
1	0.000000
2	2.502409
3	0.000000
4	0.000000
...	...
11024	0.289353
11025	2.177589
11026	0.843916
11027	0.872008
11028	1.078651

11029 rows × 1 columns

图 7-5　通用函数运行结果

下面对语言种类进行处理，示例代码如下：

```
# 语种处理
language_list = []
for i in data[' 语言 ']:
    if i == ' 汉语普通话 ':
        value = ' 汉语 '
        language_list.append(value)
    elif i == ' 英语 ':
        value = ' 英语 '
        language_list.append(value)
    else :
        value = ' 其他 '
```

```
    language_list.append(value)
language = pd.DataFrame(language_list)
language = pd.get_dummies(language)

# 片长处理
data = df3
time_list = []
for i in data[' 片长 ']:
  if ' 分 ' in i:
    try:
        index = i.index(' 分 ')
        value = i[0:index]
        time_list.append(int(value))
    except:
        value = 0
        time_list.append(int(value))

time_df = pd.DataFrame(time_list)
time = []
for i in range(len(time_df)):
  value = (time_df.iloc[i] - time_df.min()) / (time_df.max() - time_df.min())
  time.append(value)
time = pd.DataFrame(time)
time
```

代码运行结果如图 7-6 所示。

	0
0	0.082305
1	0.203018
2	0.194787
3	0.187929
4	0.283951
...	...
11024	0.123457
11025	0.086420
11026	0.127572
11027	0.123457
11028	0.130316

11029 rows × 1 columns

图 7-6　语言种类处理部分运行结果

下面对数据重定义标签并进行数据预览，示例代码如下：

```
# 数据重定义标签及数据预览
data1 = pd.concat([type_score,time,language],axis=1)
data1.columns = [' 类型评分 ',' 片长 ',' 其他语言 ',' 汉语 ',' 英语 ']
data1
```

代码运行结果如图 7-7 所示。

	类型评分	片长	其他语言	汉语	英语
0	0.813667	0.082305	0	0	1
1	0.000000	0.203018	0	0	1
2	2.502409	0.194787	0	0	1
3	0.000000	0.187929	0	0	1
4	0.000000	0.283951	1	0	0
...	...	...	...	...	...
11024	0.289353	0.123457	0	1	0
11025	2.177589	0.086420	0	1	0
11026	0.843916	0.127572	0	1	0
11027	0.872008	0.123457	0	1	0
11028	1.078651	0.130316	0	1	0

11029 rows × 5 columns

图 7-7　数据重定义标签后数据预览运行结果（部分）

此处需要将处理后的导演、主演、编剧等数据和 data1 组合到一起，保存为"处理后的电影数据 .csv"，建模时直接使用处理好的数据。代码如下：

```
# 将所有特征的评分拼接到一个数据文件
# 此时 data1 和 data2 数据需要在内存中
output = pd.concat([data1,data2],axis=1)
output.to_csv(" 处理后的电影数据 .csv",encoding='gbk',index=False)
```

7.2.4　建模分析

在这个建模过程中用到了拟合，但是存在过拟合的问题，请读者注意读代码，思考如何改进，示例代码如下：

```
import pandas as pd
from sklearn.linear_model import LinearRegression
from sklearn.model_selection import train_test_split
from sklearn.metrics import r2_score
import matplotlib.pyplot as plt
data1 = pd.read_csv(' 处理后的电影数据 .csv',encoding='gbk')
y = data1[' 评分 ']
X = data1.iloc[:,1:].values
X_train, X_test, y_train, y_test  = train_test_split(X,y,test_size=0.2,random_state=1)

model = LinearRegression()
model.fit(X_train,y_train)
y_predict = model.predict(X_test)
# 模型评分
r2_score(y_test,y_predict)
```

代码运行结果如下：

0.9050044059469008

查看模型的系数，代码如下：

```
# 模型的系数
model.coef_
```

代码运行结果如下：

array([0.72911344, 0.19196425, 0.10756929, 0.02892246, 0.02357596,
0.03397806, -0.02330729, -0.01067077])

查看截断项，代码如下：

```
# 截断项
model.intercept_
```

代码运行结果如下：

-0.24537519708061684

进行相关性分析，代码如下：

```
# 相关性分析
data1.corr('spearman')
```

代码运行结果如图 7-8 所示。

	评分	导演水平	编剧水平	主演水平	类型评分	片长	其他语言	汉语	英语
评分	1.000000	0.918331	0.911062	0.877713	0.095152	0.206007	0.379138	-0.658577	0.327289
导演水平	0.918331	1.000000	0.915505	0.880870	0.080139	0.200439	0.385854	-0.689148	0.356457
编剧水平	0.911062	0.915505	1.000000	0.872372	0.083094	0.200382	0.372064	-0.665175	0.344530
主演水平	0.877713	0.880870	0.872372	1.000000	0.069111	0.175506	0.378533	-0.678634	0.352860
类型评分	0.095152	0.080139	0.083094	0.069111	1.000000	0.171682	0.098297	-0.092569	-0.011783
片长	0.206007	0.200439	0.200382	0.175506	0.171682	1.000000	0.163864	-0.221001	0.062790
其他语言	0.379138	0.385854	0.372064	0.378533	0.098297	0.163864	1.000000	-0.685705	-0.436363
汉语	-0.658577	-0.689148	-0.665175	-0.678634	-0.092569	-0.221001	-0.685705	1.000000	-0.355709
英语	0.327289	0.356457	0.344530	0.352860	-0.011783	0.062790	-0.436363	-0.355709	1.000000

图 7-8　相关性分析结果图

绘制预测数据和测试数据散点图，代码如下：

```
plt.scatter(y_test,y_predict,color='c')
plt.plot([y_test.min(),y_test.max()], [y_test.min(),y_test.max()], 'r--')
plt.xlabel(' 真实电影评分 ',size=15)
plt.ylabel(' 预测电影评分 ',size=15)
plt.title(' 预测数据和测试数据散点图 ',size=15)
plt.show()
```

代码运行结果如图 7-9 所示。

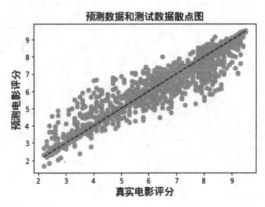

图 7-9　预测数据和测试数据散点图

绘制预测数据和测试数据折线图，代码如下：

```
# 预测数据和测试数据吻合情况
plt.figure(figsize=(15,5))
plt.plot(range(len(y_test)),y_test,'r',label=' 测试数据 ')
plt.plot(range(len(y_predict)),y_predict,'b',label=' 预测数据 ')
plt.legend()
plt.title(' 预测数据和测试数据折线图 ',size=20)
plt.show()
```

代码运行结果如图 7-10 所示。

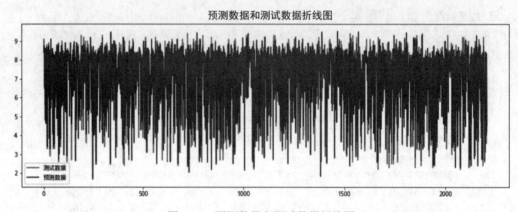

图 7-10　预测数据和测试数据折线图

上图中因数据过于密集无法展示细节，接下来提取某一段区间的预测数据和测试数据来观察两者的吻合程度，其中红线是测试数据，蓝线是预测数据。代码如下：

```
# 预测数据和测试数据吻合情况
plt.figure(figsize=(15,5))
plt.plot(range(len(y_test)),y_test,'r',label=' 测试数据 ')
plt.plot(range(len(y_predict)),y_predict,'b',label=' 预测数据 ')
# 取一段 x 轴区间展示
plt.xlim(0,50)
plt.legend()
plt.title(' 预测数据和测试数据折线图范围：0-50',size=20)
plt.show()
```

运行结果如图 7-11 所示。

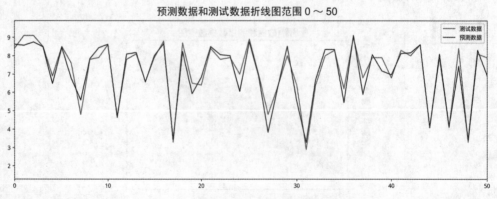

图 7-11　预测数据和测试数据折线图（0 ～ 50）

本 章 小 结

本章中的数据集包含一万六千多条电影数据，没有特别的特征规律，通过数据分析可以发现一些电影分数的规律，最终形成电影评分预测，经实验结果验证，预测结果与测试数据吻合度好。本章通过大量的 Python 和相关扩展库的编程代码，进行数据清洗和类型规范，极大地丰富了数据处理细节，读者在处理相关数据案例中也会遇到类似问题，仔细完成此项目对编程处理数据细节有很大帮助。

练 习 7

数据分析操作题

Scikit-learn 库中包含了许多常用的机器学习算法和工具，同时也提供了许多标准数据集，以便进行机器学习模型的训练和测试。以下是一些常见的 Scikit-learn 数据集及其特点。

波士顿房价数据集（Boston House Price）：该数据集包含 506 组数据，每条数据包含房屋以及房屋周围的详细信息，如犯罪率、一氧化氮浓度、住宅平均房间数、到中心区域的加权距离以及自住房平均房价等。该数据集可以应用于回归问题，特别是房价的预测。

鸢尾花数据集（Iris）：该数据集是一种经典的多变量数据集，包含 150 个样本，每个样本有四个特征：花萼长度、花萼宽度、花瓣长度和花瓣宽度。这些特征可以用来预测鸢尾花的种类。

乳腺癌数据集（Breast Cancer）：该数据集是一种用于分类问题的数据集，包含 286 个样本和 30 个特征。目标变量是样本是否为恶性或良性肿瘤。

糖尿病数据集（Diabetes）：该数据集是一种用于回归问题的数据集，包含 442 个样本和 10 个特征。目标变量是患者的血糖水平。

成人收入数据集（Adult Income）：该数据集是一种用于分类问题的数据集，包含 32561 个样本和 14 个特征。目标变量是样本的年收入超过 5 万美金的概率。

种子外形数据集（Seeds）：该数据集是一种用于分类问题的数据集，包含 210 个样本和 7 个特征。目标变量是种子的种类。

这些数据集的特点是它们已经经过预处理并具有规范的数据格式，可以直接用于 Scikit-learn 库中的机器学习算法的训练和测试。同时，这些标准数据集也方便了机器学习研究人员和开发人员在不同问题上比较不同算法的性能。

参考本章案例代码，从以上数据集中选择某个数据集，按照数据分析流程对数据进行分析，尽量少使用函数。

第 8 章 　客户价值分析

本章导读

客户价值分析的目的是以客户为中心，先从客户需求出发，弄清楚客户需要什么，他们有怎么样的特征（根据特征预测分类），他们需要什么样的产品，然后设计出相应的产品，以满足客户的需求。之所以要进行客户价值分析，就是为了避免商家闭门造车，主观臆断客户需要什么。随着数据量不断增大，传统的拍脑袋作决定的决策方式变得越来越过时了。客户价值分析也是数据分析在商业活动中的一个典型应用，本章项目以某电信运营商为视角，需要以客户为中心，按照客户的需求，在对客户特点（特征）的了解上，推出不同的资费套餐和营销手段，以便更好地留住现有客户，再吸引新的客户，避免客户流失造成的损失，实现更好的经济效益。客户数据中有很多特征，这里把这些特征归为三类：客户属性、产品属性、客户行为。这一分析是典型的多特征结合实际问题的逻辑分析方法。客户价值分析其实就是客户分群（类）问题。

本章要点

- 数据清洗
- 数据维度
- 特征分组
- 数据可视化
- 分析结果总结

8.1 　项 目 简 介

客户数据可以分为两类：流失的客户、没流失的客户。电信运营商希望在网客户越来越多，并在减少流失的同时能够增加客户数量。这就要从流失的客户那里找流失的原因，从而改正；从没流失的客户那里找到增强吸引客户黏性的方法举措。

电信运营商进行客户价值分析的目的如下：

（1）争取更多新客户：找到有价值的客户类别，比如经常打电话、经常上网的客户，即高质量客户。可以通过定制营销手段、推出差异化产品等，来争取高质量客户；对于很少打电话的客户，重点在于保留，比如推出更实惠的套餐刺激其消费。

（2）降低客户流失率：分析流失客户的特征，留住现有的客户。

（3）降低服务成本，提高业务收入：优化投资（组合），设计出有吸引力且节约成本的服务组合套餐。

（4）增加每个客户的平均收益（Average Revenue Per User，ARPU）：ARPU 是通信业

颇为关注的一个术语，就是计算每个客户平均每个月给通信运营商带来多少收入。所以，ARPU 一般是以月份为周期来计算的。ARPU 之所以非常重要，就是因为这个指标直接反映了运营商在相应的通信市场的实际盈利能力，有非常强的跨区域、跨企业的可比性。

（5）制定精准的市场营销策略：对市场进行细分，根据顾客需求的差异性，把整个市场划分为若干个消费者群。比如有的人除睡觉以外手机总是联着网，那就给这个人推荐流量包；又比如有的人经常打电话，那就给他推荐话费便宜的套餐。

客户价值分析

8.2　代码实现

本节按照数据处理的流程，在数据清洗、数据预览、维度分析、数据可视化、结果整理归纳等方面进行完整的数据分析展示。

8.2.1　数据清洗

首先进行数据清洗，查看重复值、缺失值、异常值等。数据文件为 WA_Fn-UseC_-Telco-Customer-Churn-English.csv，这次处理文件和数据文件在同一目录下。示例代码如下：

```
import pandas as pd
# 数据导入、预览：read_csv、head()
data = pd.read_csv('WA_Fn-UseC_-Telco-Customer-Churn-English.csv')
data.head()
```

代码运行结果如图 8-1 所示。

	customerID	gender	SeniorCitizen	Partner	Dependents	tenure	PhoneService	MultipleLines	InternetService	OnlineSecurity	...	DeviceProtection	TechSupp
0	7590-VHVEG	Female	0	Yes	No	1	No	No phone service	DSL	No	...		No
1	5575-GNVDE	Male	0	No	No	34	Yes	No	DSL	Yes	...		Yes
2	3668-QPYBK	Male	0	No	No	2	Yes	No	DSL	Yes	...		No
3	7795-CFOCW	Male	0	No	No	45	No	No phone service	DSL	Yes	...		Yes
4	9237-HQITU	Female	0	No	No	2	Yes	No	Fiber optic	No	...		No

5 rows × 21 columns

图 8-1　数据预览 5 行

可以查看数据结构大小，代码如下：

```
data.shape # 查看数据结构大小
```

代码运行结果如下：

(7043, 21)

接下来列出数据标签，代码如下，运行结果如图 8-2 所示。

```
data.columns # 列出数据列特征
```

```
Index(['customerID', 'gender', 'SeniorCitizen', 'Partner', 'Dependents',
       'tenure', 'PhoneService', 'MultipleLines', 'InternetService',
       'OnlineSecurity', 'OnlineBackup', 'DeviceProtection', 'TechSupport',
       'StreamingTV', 'StreamingMovies', 'Contract', 'PaperlessBilling',
       'PaymentMethod', 'MonthlyCharges', 'TotalCharges', 'Churn'],
      dtype='object')
```

图 8-2　查看数据结构及列标签

数据有 7043 条，列标签为 21 个，全部为英文，为了方便处理，将其改为中文标签，代码如下：

```
# 修改为中文列标签
data.columns = [' 客户 id',' 性别 ',' 是否老人 ',' 是否有伴侣 ',' 是否有亲属 ',' 在网时长 ',' 通话服务 ',
    ' 多线程 ',' 网络服务 ',' 在线安全 ',' 在线备份 ',' 设备安全 ',' 技术支持 ',' 流媒体电视 ',
    ' 流媒体电影 ',' 合同期限 ',' 电子账单 ',' 支付方式 ',' 月消费 ',' 总消费 ',' 是否流失 ']
```

运行后可以查看一下修改的情况，代码如下：

```
# 展示查看
data.head()
```

代码运行结果如图 8-3 所示，可看到修改列标签成功了。

	客户id	性别	是否老人	是否有伴侣	是否有亲属	在网时长	通话服务	多线程	网络服务	在线安全	…	设备安全	技术支持	流媒体电视	流媒体电影	合同期限	电子账单	支付方式	月消费	总消费	是否流失
0	7590-VHVEG	Female	0	Yes	No	1	No	No phone service	DSL	No	…	No	No	No	No	Month-to-month	Yes	Electronic check	29.85	29.85	No
1	5575-GNVDE	Male	0	No	No	34	Yes	No	DSL	Yes	…	Yes	No	No	No	One year	No	Mailed check	56.95	1889.5	No
2	3668-QPYBK	Male	0	No	No	2	Yes	No	DSL	Yes	…	No	No	No	No	Month-to-month	Yes	Mailed check	53.85	108.15	Yes
3	7795-CFOCW	Male	0	No	No	45	No	No phone service	DSL	Yes	…	Yes	Yes	No	No	One year	No	Bank transfer (automatic)	42.30	1840.75	No
4	9237-HQITU	Female	0	No	No	2	Yes	No	Fiber optic	No	…	No	No	No	No	Month-to-month	Yes	Electronic check	70.70	151.65	Yes

5 rows × 21 columns

图 8-3　列标签修改成功

查看各个列标签的数据类型，代码如下：

```
# 查看数据类型
data.dtypes
```

代码运行结果如下：

```
客户 id        object
性别           object
是否老人       int64
是否有伴侣     object
是否有亲属     object
在网时长       int64
通话服务       object
多线程         object
网络服务       object
在线安全       object
在线备份       object
设备安全       object
技术支持       object
流媒体电视     object
流媒体电影     object
合同期限       object
电子账单       object
支付方式       object
月消费        float64
总消费        object
是否流失       object
dtype: object
```

可以预览各个数据的情况，包括总数、平均值、标准值、最小值等，代码如下：

```
# 汇总统计（数量、分布指标）：describe
data.describe(include='all')
```

代码运行结果如图 8-4 所示。

	客户id	性别	是否老人	是否有伴侣	是否有亲属	在网时长	通话服务	多线程	网络服务	在线安全	...	设备安全	技术支持	流媒体电视	流媒体电影	合同期限	电子账单	支付方式	月消费	总消费
count	7043	7043	7043.000000	7043	7043	7043.000000	7043	7043	7043	7043	...	7043	7043	7043	7043	7043	7043	7043	7043.000000	7043
unique	7043	2	NaN	2	2	NaN	2	3	3	3	...	3	3	3	3	3	2	4	NaN	6531
top	5365-LLFYV	Male	NaN	No	No	NaN	Yes	No	Fiber optic	No	...	No	No	No	No	Month-to-month	Yes	Electronic check	NaN	20.2
freq	1	3555	NaN	3641	4933	NaN	6361	3390	3096	3498	...	3095	3473	2810	2785	3875	4171	2365	NaN	11
mean	NaN	NaN	0.162147	NaN	NaN	32.371149	NaN	NaN	NaN	NaN	...	NaN	NaN	NaN	NaN	NaN	NaN	NaN	64.761692	NaN
std	NaN	NaN	0.368612	NaN	NaN	24.559481	NaN	NaN	NaN	NaN	...	NaN	NaN	NaN	NaN	NaN	NaN	NaN	30.090047	NaN
min	NaN	NaN	0.000000	NaN	NaN	0.000000	NaN	NaN	NaN	NaN	...	NaN	NaN	NaN	NaN	NaN	NaN	NaN	18.250000	NaN
25%	NaN	NaN	0.000000	NaN	NaN	9.000000	NaN	NaN	NaN	NaN	...	NaN	NaN	NaN	NaN	NaN	NaN	NaN	35.500000	NaN
50%	NaN	NaN	0.000000	NaN	NaN	29.000000	NaN	NaN	NaN	NaN	...	NaN	NaN	NaN	NaN	NaN	NaN	NaN	70.350000	NaN
75%	NaN	NaN	0.000000	NaN	NaN	55.000000	NaN	NaN	NaN	NaN	...	NaN	NaN	NaN	NaN	NaN	NaN	NaN	89.850000	NaN
max	NaN	NaN	1.000000	NaN	NaN	72.000000	NaN	NaN	NaN	NaN	...	NaN	NaN	NaN	NaN	NaN	NaN	NaN	118.750000	NaN

11 rows × 21 columns

图 8-4　数据汇总统计

在 Pandas 中，data.describe() 和 data.describe 实际上是有区别的。data.describe() 是一个函数，用于计算数据框（DataFrame）中数值型列的描述性统计信息。它返回一个包含各种统计信息的表格，如计数（count）、平均值（mean）、标准差（std）、最小值（min）、四分位数（25%，50%，75%）和最大值（max）。而 data.describe 是一个属性，它返回一个包含默认描述性统计信息的字典。这个字典包含了上述的统计信息，但是其结构没有 data.describe() 返回的结果那么直观。下面来看看运行另一个 data.describe 的情况，代码如下：

```
data.describe
```

代码运行结果如图 8-5 所示。

```
<bound method NDFrame.describe of        客户id     性别  是否老人 是否有伴侣 是否有亲属  在网时长 通话服务
多线程
0      7590-VHVEG  Female    0    Yes     No      1    No  No phone service
1      5575-GNVDE    Male    0     No     No     34   Yes               No
2      3668-QPYBK    Male    0     No     No      2   Yes               No
3      7795-CFOCW    Male    0     No     No     45    No  No phone service
4      9237-HQITU  Female    0     No     No      2   Yes               No
...           ...     ...  ...    ...    ...    ...   ...              ...
7038   6840-RESVB    Male    0    Yes    Yes     24   Yes              Yes
7039   2234-XADUH  Female    0    Yes    Yes     72   Yes              Yes
7040   4801-JZAZL  Female    0    Yes    Yes     11    No  No phone service
7041   8361-LTMKD    Male    1    Yes     No      4   Yes              Yes
7042   3186-AJIEK    Male    0     No     No     66   Yes               No

       网络服务 在线安全  ... 设备安全 技术支持 流媒体电视 流媒体电影        合同期限 电子账单  \
0       DSL    No  ...   No   No    No    No  Month-to-month  Yes
1       DSL   Yes  ...  Yes   No    No    No        One year   No
2       DSL   Yes  ...   No   No    No    No  Month-to-month  Yes
3       DSL   Yes  ...  Yes  Yes    No    No        One year   No
4  Fiber optic    No  ...   No   No    No    No  Month-to-month  Yes
...        ...   ...  ...  ...  ...   ...   ...             ...  ...
7038       DSL   Yes  ...  Yes  Yes   Yes   Yes        One year  Yes
7039  Fiber optic    No  ...  Yes   No   Yes   Yes        One year  Yes
7040       DSL   Yes  ...   No   No    No    No  Month-to-month  Yes
7041  Fiber optic    No  ...   No   No    No    No  Month-to-month  Yes
7042  Fiber optic   Yes  ...  Yes  Yes   Yes   Yes        Two year  Yes

                    支付方式     月消费   总消费 是否流失
0           Electronic check   29.85   29.85   No
1               Mailed check   56.95  1889.5   No
2               Mailed check   53.85  108.15  Yes
3     Bank transfer (automatic)   42.30 1840.75   No
4           Electronic check   70.70  151.65  Yes
...                      ...     ...     ...  ...
7038            Mailed check   84.80  1990.5   No
7039   Credit card (automatic)  103.20  7362.9   No
7040        Electronic check   29.60  346.45   No
7041            Mailed check   74.40   306.6  Yes
7042  Bank transfer (automatic)  105.65  6844.5   No

[7043 rows x 21 columns]>
```

图 8-5　数据描述信息

进行缺失值处理，先进行查询，若存在缺失值则进行处理，代码如下：

```
# 缺失值查询与处理：isnull.sum、dropnan
data.isnull() # 是缺失值：1/True, 不是：0/False
```

代码运行结果如图 8-6 所示。

	客户id	性别	是否老人	是否有伴侣	是否有亲属	在网时长	通话服务	多线程	网络服务	在线安全	...	设备安全	技术支持	流媒体电视	流媒体电影	合同期限	电子账单	支付方式	月消费	总消费	是否流失
0	False	False	False	False	False	False	False	False	False	False	...	False	False	False	False	False	False	False	False	False	False
1	False	False	False	False	False	False	False	False	False	False	...	False	False	False	False	False	False	False	False	False	False
2	False	False	False	False	False	False	False	False	False	False	...	False	False	False	False	False	False	False	False	False	False
3	False	False	False	False	False	False	False	False	False	False	...	False	False	False	False	False	False	False	False	False	False
4	False	False	False	False	False	False	False	False	False	False	...	False	False	False	False	False	False	False	False	False	False
...	...	...	...	...	...	...	...	...	...	...	...	...	...	...	...	...	...	...	...	...	...
7038	False	False	False	False	False	False	False	False	False	False	...	False	False	False	False	False	False	False	False	False	False
7039	False	False	False	False	False	False	False	False	False	False	...	False	False	False	False	False	False	False	False	False	False
7040	False	False	False	False	False	False	False	False	False	False	...	False	False	False	False	False	False	False	False	False	False
7041	False	False	False	False	False	False	False	False	False	False	...	False	False	False	False	False	False	False	False	False	False
7042	False	False	False	False	False	False	False	False	False	False	...	False	False	False	False	False	False	False	False	False	False

7043 rows × 21 columns

图 8-6　缺失值查询

初步预览不存在缺失值，统计一下来看看是否存在缺失值，代码如下：

```
data.isnull().sum() # 不存在缺失值
```

代码运行结果如下：

```
客户id        0
性别         0
是否老人      0
是否有伴侣    0
是否有亲属    0
在网时长      0
通话服务      0
多线程       0
网络服务      0
在线安全      0
在线备份      0
设备安全      0
技术支持      0
流媒体电视    0
流媒体电影    0
合同期限      0
电子账单      0
支付方式      0
月消费       0
总消费       0
是否流失      0
dtype: int64
```

从结果可以看出确实没有缺失值，再进行重复值的查询和处理，代码如下：

```
# 重复值查询与处理：duplicated、drop_duplicated
data.duplicated()
```

代码运行结果如下：

```
0       False
1       False
2       False
3       False
4       False
        ...
7038    False
7039    False
7040    False
7041    False
7042    False
Length: 7043, dtype: bool
```

从结果可以看出预览不存在重复值，运行以下代码查看统计结果：

```
data.duplicated().sum()
```

代码运行结果如下：

```
0
```

操作到此，数据清洗完成，可以查看 data 中的数据，然后将数据写入一个新的数据文件中，代码如下：

```
data
data.to_csv('WA_Fn-UseC_-Telco-Customer-Churn-Chinese.csv',index=False)
# 将规整数据写入新文件中
```

在同一个目录下会有一个新的文件，后面处理数据可以在这个文件中读取已经清洗好的数据。

8.2.2 客户属性与客户流失的关系分析

从上面的数据展示中可以看到数据有 20 个列标签，也就是有 20 个维度，经过分组后可以将这 20 个维度分为三组：客户属性、产品属性、客户行为，如图 8-7 所示。

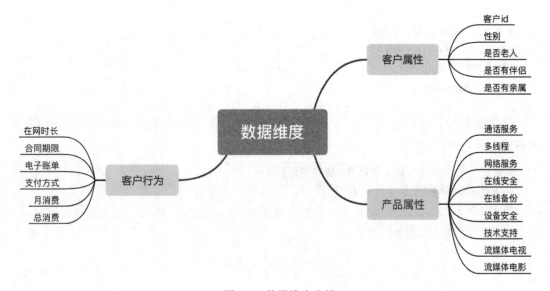

图 8-7　数据维度分组

下面从客户属性的角度对客户流失情况进行分析。先读取数据，进行数据预览，检验数据是否读取成功，代码如下：

```python
import pandas as pd
data = pd.read_csv('WA_Fn-UseC_-Telco-Customer-Churn-Chinese.csv')
data.head()
```

代码运行结果如图 8-8 所示。

	客户id	性别	是否老人	是否有伴侣	是否有亲属	在网时长	通话服务	多线程	网络服务	在线安全	...	设备安全	技术支持	流媒体电视	流媒体电影	合同期限	电子账单	支付方式	月消费	总消费	是否流失
0	7590-VHVEG	Female	0	Yes	No	1	No	No phone service	DSL	No	...	No	No	No	No	Month-to-month	Yes	Electronic check	29.85	29.85	No
1	5575-GNVDE	Male	0	No	No	34	Yes	No	DSL	Yes	...	Yes	No	No	No	One year	No	Mailed check	56.95	1889.5	No
2	3668-QPYBK	Male	0	No	No	2	Yes	No	DSL	Yes	...	No	No	No	No	Month-to-month	Yes	Mailed check	53.85	108.15	Yes
3	7795-CFOCW	Male	0	No	No	45	No	No phone service	DSL	Yes	...	Yes	Yes	No	No	One year	No	Bank transfer (automatic)	42.30	1840.75	No
4	9237-HQITU	Female	0	No	No	2	Yes	No	Fiber optic	No	...	No	No	No	No	Month-to-month	Yes	Electronic check	70.70	151.65	Yes

5 rows × 21 columns

图 8-8　数据预览

下面进行整体流失情况分析，从人数、流失比例、流失率等方面分析，代码及运行结果分别如下：

```python
# 整体流失情况：人数、流失比例、流失率
data[' 是否流失 '].drop_duplicates()
```

```
0    No
2    Yes
Name: 是否流失 , dtype: object
```

```python
# 流失人数、非流失人数
churn0 = data[data[' 是否流失 ']=='No'][' 是否流失 '].count()
churn1 = data[data[' 是否流失 ']=='Yes'][' 是否流失 '].count()
churn0,churn1
```

```
(5174, 1869)
```

```python
# 流失率 = 流失人数 / 总人数
churn_per = churn1 / len(data)
churn_per # 整体流失率
```

```
0.2653698707936959
```

通过数据分析可以看到整体流失率约为 26.54%，下面将流失客户的数据单独提取出来进行分析，代码如下：

```python
# 创建一个 churn=yes 的子数据集，研究流失者特征
df_churn = data[data[' 是否流失 ']=='Yes']
df_churn
```

代码运行结果如图 8-9 所示。

	客户id	性别	是否老人	是否有伴侣	是否有亲属	在网时长	通话服务	多线程	网络服务	在线安全	***	设备安全	技术支持	流媒体电视	流媒体电影	合同期限	电子账单	支付方式	月消费	总消费	是否流失
2	3668-QPYBK	Male	0	No	No	2	Yes	No	DSL	Yes	...	No	No	No	No	Month-to-month	Yes	Mailed check	53.85	108.15	Yes
4	9237-HQITU	Female	0	No	No	2	Yes	No	Fiber optic	No	...	No	No	No	No	Month-to-month	Yes	Electronic check	70.70	151.65	Yes
5	9305-CDSKC	Female	0	No	No	8	Yes	Yes	Fiber optic	No	...	Yes	No	Yes	Yes	Month-to-month	Yes	Electronic check	99.65	820.5	Yes
8	7892-POOKP	Female	0	No	No	28	Yes	Yes	Fiber optic	No	...	Yes	No	Yes	Yes	Month-to-month	Yes	Electronic check	104.80	3046.05	Yes
13	0280-XJGEX	Male	0	No	No	49	Yes	Yes	Fiber optic	No	...	Yes	No	Yes	Yes	Month-to-month	Yes	Bank transfer (automatic)	103.70	5036.3	Yes
...																					
7021	1699-HPSBG	Male	0	No	No	12	Yes	No	DSL	No	...	Yes	Yes	Yes	No	One year	Yes	Electronic check	59.80	727.8	Yes
7026	8775-CEBBJ	Female	0	No	No	9	Yes	No	DSL	No	...	No	No	No	No	Month-to-month	Yes	Bank transfer (automatic)	44.20	403.35	Yes
7032	6894-LFHLY	Male	1	No	No	1	Yes	Yes	Fiber optic	No	...	No	No	No	No	Month-to-month	Yes	Electronic check	75.75	75.75	Yes
7034	0639-TSIQW	Female	0	No	No	67	Yes	Yes	Fiber optic	Yes	...	Yes	No	Yes	Yes	Month-to-month	Yes	Credit card (automatic)	102.95	6886.25	Yes
7041	8361-LTMKD	Male	1	No	No	4	Yes	Yes	Fiber optic	No	...	No	No	No	No	Month-to-month	Yes	Mailed check	74.40	306.6	Yes

1869 rows × 21 columns

图 8-9　流失者子集

在这个数据集中从客户属性的角度来分析客户流失情况，首先研究是否与男女性别有关系，代码及运行结果分别如下：

```
# 性别：人数、比例、流失率
data[' 性别 '].drop_duplicates()
```

0　Female
1　Male
Name: 性别 , dtype: object

```
# 分别统计男女总人数
gender0 = data[data[' 性别 ']=='Female'][' 性别 '].count()
gender1 = data[data[' 性别 ']=='Male'][' 性别 '].count()
gender0,gender1
```

(3488, 3555)

```
gender0 / len(data) # 女性占人数总量比例
```

0.495243504188556

```
# 女性流失率：女性流失人数 / 女性总人数
g0_churn = len(df_churn[df_churn[' 性别 ']=='Female']) / gender0
g0_churn
```

0.26920871559633025

```
# 男性流失率：男性流失人数 / 男性总人数
g1_churn = len(df_churn[df_churn[' 性别 ']=='Male']) / gender1
g1_churn
```

0.2616033755274262

比较女性流失率和男性流失率发现，两者数据差不多，女性略高一点儿，由此可以判断客户流失情况在性别上不存在特殊性。其次研究是否与年龄有关系，是不是老人更容易流失呢？代码及运行结果分别如下：

```
# 老人：人数、比例、流失率
data[' 是否老人 '].drop_duplicates()
```

0   0

20   1

Name: 是否老人 , dtype: int64

```
senior0 = len(data[data[' 是否老人 ']==0])
senior1 =len(data[data[' 是否老人 ']==1])
senior0,senior1,senior1 / len(data) # 老年人占比
```

(5901, 1142, 0.1621468124378816)

```
# 计算对应的流失率：对应流失人数 / 对应总人数
s0_churn = len(df_churn[df_churn[' 是否老人 ']==0]) / senior0
s1_churn = len(df_churn[df_churn[' 是否老人 ']==1]) / senior1
s0_churn,s1_churn
```

(0.23606168446026096, 0.4168126094570928)

由此分析结果可以发现老年人占比远大于非老年人占比，可以得出老年人更容易流失的结论。然后研究是否与有无伴侣情况有关系，代码及运行结果分别如下：

```
# 伴侣：人数、比例、流失率
data[' 是否有伴侣 '].drop_duplicates()
```

0   Yes

1   No

Name: 是否有伴侣 , dtype: object

```
partner0 = len(data[data[' 是否有伴侣 ']=='No'])
partner1 =len(data[data[' 是否有伴侣 ']=='Yes'])
partner0,partner1,partner1/len(data)
```

(3641, 3402, 0.4830327985233565)

```
p0_churn = len(df_churn[df_churn[' 是否有伴侣 ']=='No']) / partner0
p1_churn = len(df_churn[df_churn[' 是否有伴侣 ']=='Yes']) / partner1
p0_churn,p1_churn,p0_churn/p1_churn # 单身客户更倾向于流失
```

(0.32959978577313923, 0.1966490299823633, 1.6759797177880713)

分析结果显示没有伴侣的流失比例远远大于有伴侣的流失比例，在流失客户中，单身客户约是非单身客户的 1.68 倍。最后研究是否与有无亲属情况有关系，代码及运行结果分别如下：

```
# 亲属：人数、比例、流失率
data[' 是否有亲属 '].drop_duplicates()
```

0   No

6   Yes

Name: 是否有亲属 , dtype: object

```
depend0 = len(data[data[' 是否有亲属 ']=='No'])
depend1 =len(data[data[' 是否有亲属 ']=='Yes'])
depend0,depend1,depend1/len(data)
```

(4933, 2110, 0.2995882436461735)

```
d0_churn = len(df_churn[df_churn[' 是否有亲属 ']=='No']) / depend0
d1_churn = len(df_churn[df_churn[' 是否有亲属 ']=='Yes']) / depend1
d0_churn, d1_churn, d0_churn/d1_churn # 无亲属相对有亲属更容易流失
```

(0.3127914048246503, 0.15450236966824646, 2.024508785828258)

分析结果显示无亲属的客户更容易流失，约是有亲属客户的 2.02 倍。

由此对高流失率客户可以进行数据分析总结，得出高流失率客户特征及客户画像：性别上没有特殊性；老年人相对于非老年人更容易流失；单身客户更容易流失；无亲属客户相对于有亲属的客户更容易流失。由此对运营商提出建议：重点关注此类人群，避免流失。

8.2.3　产品属性与客户流失的关系分析

下面从产品属性的角度对客户流失情况进行分析。

首先读取数据文件，然后进行数据规整，此步骤与前文相同，此处不再重复。

接下来创建通用函数，用以计算类别数据对应条数，占总数比例、对应流失率，代码如下：

```
def eda_calculate(column, types):
    """
    计算类别数据对应条数、占总数比例、对应流失率
    param @column: str，列表
    param @types: list，类别数据
    """
    print("\n========== 当前列标签： ", column, types)

    # 1. 计算类别数据对应的个数
    res_list = []
    rate_list = []
    for t in types:
        res = len(data[data[column]==t])
        # 2. 计算类别数据对应的流失率
        rate = len(df_churn[df_churn[column]==t]) / res

        # 存储到字典，方便匹配信息
        res_list.append({t: res})
        rate_list.append({t: rate})

    # 3. 预览各类别数据对应的个数、占总数比例
    print("******** 数据条数 ********")
    for res in res_list: # res = { 男 ： 3400}
        print(res, " 占总数比例 ", list(res.values())[0] / length)

    # 4. 预览各类别数据对应的流失率、前者和后者的倍数关系
    print("******** 流失率 ********")
    for rate in rate_list:
        before = list(rate.values())[0]
        index = rate_list.index(rate) + 1
        print(rate)

        if index < len(rate_list):
            after = list(rate_list[index].values())[0]
            print(" 前者和后者的倍数关系 ", before / after)
```

定义了通用函数后，运行会被载入内容，下面可以调用通用函数了。代码如下：

```
# 调用通用函数
eda_calculate(column=' 是否老人 ', types=[0,1])
```

代码运行结果如下：

========= **当前列标签： 是否老人 [0, 1]**
******** **数据条数** ********
{0: 5901} 占总数比例 0.8378531875621185
{1: 1142} 占总数比例 0.1621468124378816
******** **流失率** ********
{0: 0.23606168446026096}
前者和后者的倍数关系 0.5663496715412143
{1: 0.4168126094570928}

再创建一个通用函数，方便提取相关产品维度，代码如下：

```
# 创建通用函数：提取列标签、提取对应类别数据
columns = [' 通话服务 ',' 多线程 ',' 网络服务 ',' 在线安全 ',' 在线备份 ',
       ' 设备安全 ',' 技术支持 ',' 流媒体电视 ',' 流媒体电影 ']
for c in columns:
    types = data[c].drop_duplicates().tolist()
    print(c, types)
```

代码运行结果如下：

通话服务 ['No', 'Yes']
多线程 ['No phone service', 'No', 'Yes']
网络服务 ['DSL', 'Fiber optic', 'No']
在线安全 ['No', 'Yes', 'No internet service']
在线备份 ['Yes', 'No', 'No internet service']
设备安全 ['No', 'Yes', 'No internet service']
技术支持 ['No', 'Yes', 'No internet service']
流媒体电视 ['No', 'Yes', 'No internet service']
流媒体电影 ['No', 'Yes', 'No internet service']

下面来看一下产品属性的特征指标，代码如下：

```
# 函数应用：快速计算特征指标
for c in columns:
    types = data[c].drop_duplicates().tolist()
    eda_calculate(c,types)
```

代码运行结果如下：

========= **当前列标签： 通话服务 ['No', 'Yes']**
******** **数据条数** ********
{'No': 682} 占总数比例 0.09683373562402385
{'Yes': 6361} 占总数比例 0.9031662643759761
******** **流失率** ********
{'No': 0.24926686217008798}
前者和后者的倍数关系 0.9332469159881869
{'Yes': 0.2670963684955196}

========= **当前列标签： 多线程 ['No phone service', 'No', 'Yes']**
******** **数据条数** ********
{'No phone service': 682} 占总数比例 0.09683373562402385

{'No': 3390} 占总数比例 0.48132897912821243

{'Yes': 2971} 占总数比例 0.42183728524776376

******** 流失率 ********

{'No phone service': 0.24926686217008798}

前者和后者的倍数关系 0.9953058454141323

{'No': 0.2504424778761062}

前者和后者的倍数关系 0.8753701197293076

{'Yes': 0.286098956580276}

========== 当前列标签： 网络服务 ['DSL', 'Fiber optic', 'No']

******** 数据条数 ********

{'DSL': 2421} 占总数比例 0.34374556297032516

{'Fiber optic': 3096} 占总数比例 0.4395854039471816

{'No': 1526} 占总数比例 0.21666903308249325

******** 流失率 ********

{'DSL': 0.1895910780669145}

前者和后者的倍数关系 0.4525628201196355

{'Fiber optic': 0.418276485788114}

前者和后者的倍数关系 5.657376917975807

{'No': 0.07404980340760157}

========== 当前列标签： 在线安全 ['No', 'Yes', 'No internet service']

******** 数据条数 ********

{'No': 3498} 占总数比例 0.4966633536845094

{'Yes': 2019} 占总数比例 0.2866676132329973

{'No internet service': 1526} 占总数比例 0.21666903308249325

******** 流失率 ********

{'No': 0.4176672384219554}

前者和后者的倍数关系 2.8585428961828065

{'Yes': 0.14611193660227836}

前者和后者的倍数关系 1.9731576571245732

{'No internet service': 0.07404980340760157}

========== 当前列标签： 在线备份 ['Yes', 'No', 'No internet service']

******** 数据条数 ********

{'Yes': 2429} 占总数比例 0.3448814425670879

{'No': 3088} 占总数比例 0.43844952435041884

{'No internet service': 1526} 占总数比例 0.21666903308249325

******** 流失率 ********

{'Yes': 0.21531494442157267}

前者和后者的倍数关系 0.5392478089000945

{'No': 0.39928756476683935}

前者和后者的倍数关系 5.392148883488468

{'No internet service': 0.07404980340760157}

========== 当前列标签： 设备安全 ['No', 'Yes', 'No internet service']

******** 数据条数 ********

{'No': 3095} 占总数比例 0.43944341899758627

{'Yes': 2422} 占总数比例 0.3438875479199205

{'No internet service': 1526} 占总数比例 0.21666903308249325

******** 流失率 ********

{'No': 0.3912762520193861}

前者和后者的倍数关系 1.7388460227356939

{'Yes': 0.2250206440957886}

前者和后者的倍数关系 3.038774361859941

{'No internet service': 0.07404980340760157}

========== 当前列标签： 技术支持 ['No', 'Yes', 'No internet service']

******** 数据条数 ********

{'No': 3473} 占总数比例 0.4931137299446259

{'Yes': 2044} 占总数比例 0.2902172369728809

{'No internet service': 1526} 占总数比例 0.21666903308249325

******** 流失率 ********

{'No': 0.4163547365390153}

前者和后者的倍数关系 2.7452551015669266

{'Yes': 0.15166340508806261}

前者和后者的倍数关系 2.0481270457025094

{'No internet service': 0.07404980340760157}

========== 当前列标签： 流媒体电视 ['No', 'Yes', 'No internet service']

******** 数据条数 ********

{'No': 2810} 占总数比例 0.3989777083629135

{'Yes': 2707} 占总数比例 0.38435325855459324

{'No internet service': 1526} 占总数比例 0.21666903308249325

******** 流失率 ********

{'No': 0.33523131672597867}

前者和后者的倍数关系 1.1148294525518727

{'Yes': 0.30070188400443293}

前者和后者的倍数关系 4.0608059733695985

{'No internet service': 0.07404980340760157}

========== 当前列标签： 流媒体电影 ['No', 'Yes', 'No internet service']

******** 数据条数 ********

{'No': 2785} 占总数比例 0.39542808462303

{'Yes': 2732} 占总数比例 0.3879028822944768

{'No internet service': 1526} 占总数比例 0.21666903308249325

******** 流失率 ********

{'No': 0.33680430879712747}

前者和后者的倍数关系 1.12487698243735

{'Yes': 0.29941434846266474}

前者和后者的倍数关系 4.043418546495809

{'No internet service': 0.07404980340760157}

从数据分析结果中可以发现，高流失率的产品属性特征（服务开通情况）如下。

（1）没有明显相关性的产品服务。

● 通话服务、多线程：流失率在 25% 左右。

● 流媒体电视、流媒体电影：流失率在 30% 左右。

（2）有明显影响的产品服务（基本是和网络相关的增值服务）。

● 网络服务：光纤客户的流失率 41%，是数字客户线路（Digital Subscriber Line, DSL）客户的 2 倍多。

● 在线安全：没有选择这项服务的客户的流失率高于 41%，是选择该服务的客户的 2.85 倍。

在线备份：没有选择这项服务的客户的流失率是选择该服务的客户的 1.5 倍。

设备安全：同"在线备份"。

技术支持：没有选择这项服务的流失率约 41%，是选择该服务的客户的 2.74 倍。

8.2.4　客户行为与客户流失的关系分析

下面从客户行为的角度对客户流失情况进行分析。

首先读取数据文件，然后进行数据特征提取和数据可视化，最后创建通用函数，用以计算类别数据对应条数、占总数比例、对应流失率等。切片部分列数据代码如下：

```
import pandas as pd
data = pd.read_csv('WA_Fn-UseC_-Telco-Customer-Churn-Chinese.csv')
csm_cols = [' 在网时长 ',' 合同期限 ',' 电子账单 ',' 支付方式 ',' 月消费 ',' 总消费 ']
data[csm_cols]
```

代码运行结果如图 8-10 所示。

	在网时长	合同期限	电子账单	支付方式	月消费	总消费
0	1	Month-to-month	Yes	Electronic check	29.85	29.85
1	34	One year	No	Mailed check	56.95	1889.5
2	2	Month-to-month	Yes	Mailed check	53.85	108.15
3	45	One year	No	Bank transfer (automatic)	42.30	1840.75
4	2	Month-to-month	Yes	Electronic check	70.70	151.65
...	...	...	...	...	...	...
7038	24	One year	Yes	Mailed check	84.80	1990.5
7039	72	One year	Yes	Credit card (automatic)	103.20	7362.9
7040	11	Month-to-month	Yes	Electronic check	29.60	346.45
7041	4	Month-to-month	Yes	Mailed check	74.40	306.6
7042	66	Two year	Yes	Bank transfer (automatic)	105.65	6844.5

7043 rows × 6 columns

图 8-10　切片部分列数据

数据检查的代码及运行结果如下：

```
# 数据检查：确认数据类型、可视化 -> 初步了解
data[csm_cols].dtypes
```

在网时长　int64
合同期限　object
电子账单　object
支付方式　object
月消费　float64
总消费　object
dtype: object

筛选含有空格数据的代码如下：

```
# 筛选排除：是否存在含有空格等的值
data[data[' 总消费 ']==' ']
```

总消费包含空格的数据如图 8-11 所示。

	客户id	性别	是否老人	是否有伴侣	是否有亲属	在网时长	通话服务	多线程	网络服务	在线安全	...	设备安全	技术支持	流媒体电视	流媒体电影	合同期限	电子账单	支付方式	月消费	总消费	是否流失
488	4472-LVYGI	Female	0	Yes	Yes	0	No	No phone service	DSL	Yes	...	Yes	Yes	Yes	No	Two year	Yes	Bank transfer (automatic)	52.55		No
753	3115-CZMZD	Male	0	No	Yes	0	Yes	No	No	No internet service	...	No internet service	No internet service	No internet service	No internet service	Two year	No	Mailed check	20.25		No
936	5709-LVOEQ	Female	0	Yes	Yes	0	No		DSL	Yes	...	Yes		Yes	Yes	Two year	No	Mailed check	80.85		No
1082	4367-NUYAO	Male	0	Yes	Yes	0		Yes	No	No internet service	...	No internet service	No internet service	No internet service	No internet service	Two year	No	Mailed check	25.75		No
1340	1371-DWPAZ	Female	0	Yes	Yes	0	No	No phone service	DSL	Yes	...	Yes			No	Two year	No	Credit card (automatic)	56.05		No
3331	7644-OMVMY	Male	0	Yes	Yes	0	Yes	No	No	No internet service	...	No internet service	No internet service	No internet service	No internet service	Two year	No	Mailed check	19.85		No
3826	3213-VVOLG	Male	0	Yes	Yes	0	Yes	No	No	No internet service	...	No internet service	No internet service	No internet service	No internet service	Two year	No	Mailed check	25.35		No
4380	2520-SGTTA	Female	0	Yes	Yes	0	Yes	No	No	No internet service	...	No internet service	No internet service	No internet service	No internet service	Two year	No	Mailed check	20.00		No
5218	2923-ARZLG	Male	0	Yes	Yes	0	Yes	No	No	No internet service	...	No internet service	No internet service	No internet service	No internet service	One year	Yes	Mailed check	19.70		No
6670	4075-WKNIU	Female	0	Yes	Yes	0	No		DSL	Yes	...	Yes	Yes	No	No	Two year	No	Mailed check	73.35		No
6754	2775-SEFEE	Male	0	No	Yes	0	No		DSL	Yes	...	No	No	No	No	Two year	Yes	Bank transfer (automatic)	61.90		No

11 rows × 21 columns

图 8-11　总消费包含空格的数据

用 NumPy 库中的 NaN 代替空格，代码如下：

```
# 导入 NumPy 库并命名为 np
import numpy as np
# 将 data 中的所有空格替换为 NaN，并删除含有 NaN 的行或列
data = data.replace(' ', np.nan).dropna()
# 显示 data 的前几行，通常为前 5 行
data.head()
```

代码运行结果如图 8-12 所示。

	客户id	性别	是否老人	是否有伴侣	是否有亲属	在网时长	通话服务	多线程	网络服务	在线安全	...	设备安全	技术支持	流媒体电视	流媒体电影	合同期限	电子账单	支付方式	月消费	总消费	是否流失
0	7590-VHVEG	Female	0	Yes	No	1	No	No phone service	DSL	No	...	No	No	No	No	Month-to-month	Yes	Electronic check	29.85	29.85	No
1	5575-GNVDE	Male	0	No	No	34	Yes	No	DSL	Yes	...	Yes	No	No	No	One year	No	Mailed check	56.95	1889.50	No
2	3668-QPYBK	Male	0	No	No	2	Yes	No	DSL	Yes	...	No	No	No	No	Month-to-month	Yes	Mailed check	53.85	108.15	Yes
3	7795-CFOCW	Male	0	No	No	45	No	No phone service	DSL	Yes	...	Yes	Yes	No	No	One year	No	Bank transfer (automatic)	42.30	1840.75	No
4	9237-HQITU	Female	0	Yes	No	2	Yes	No	Fiber optic	No	...	No	No	No	No	Month-to-month	Yes	Electronic check	70.70	151.65	Yes

5 rows × 21 columns

图 8-12　替换空格后的数据

转换数据类型方便后期处理，代码如下：

```
# 转换数据类型
data[' 总消费 '] = data[' 总消费 '].astype('float64')
data[csm_cols].dtypes
```

代码运行结果如下：

在网时长   int64
合同期限   object
电子账单   object
支付方式   object
月消费   float64
总消费   float64
dtype: object

下面进行数据可视化，从几个维度进行数据可视化展示。在网时长分布直方图的代码如下：

```
# 画出相应列标签的直方图
import matplotlib.pyplot as plt
# 绘制直方图
ax_tenure = data[' 在网时长 '].hist(bins=50, figsize=(10, 6)) # figsize 用于设置图表大小
# 设置 x 轴和 y 轴的标签
ax_tenure.set_xlabel(' 在网时长 ')
ax_tenure.set_ylabel(' 频数 ')
# 设置图表标题
ax_tenure.set_title(' 在网时长分布直方图 ')
# 显示图表
plt.show()
```

代码运行结果如图 8-13 所示。

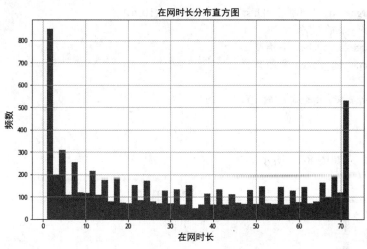

图 8-13   在网时长分布直方图

月消费分布直方图的代码如下：

```
# 画出相应列标签的直方图
import matplotlib.pyplot as plt
# 绘制直方图
ax_MonthlyCharges = data[' 月消费 '].hist(bins=50, figsize=(10, 6))
# 设置 x 轴和 y 轴的标签
ax_MonthlyCharges.set_xlabel(' 月消费 ')
ax_MonthlyCharges.set_ylabel(' 频数 ')
# 设置图表标题
ax_MonthlyCharges.set_title(' 月消费分布直方图 ')
# 显示图表
plt.show()
```

代码运行结果如图 8-14 所示。

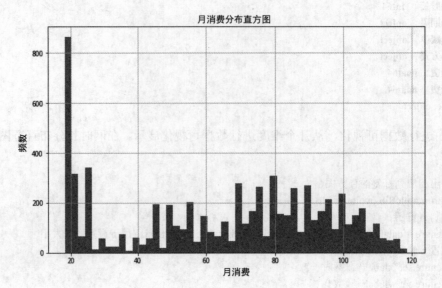

图 8-14　月消费分布直方图

总消费分布直方图的代码如下：

```python
# 画出相应列标签的直方图
import matplotlib.pyplot as plt
# 绘制直方图
ax_TotalCharges = data[' 总消费 '].hist(bins=50, figsize=(10, 6))
# 设置 x 轴和 y 轴的标签
ax_TotalCharges.set_xlabel(' 总消费 ')
ax_TotalCharges.set_ylabel(' 频数 ')
# 设置图表标题
ax_TotalCharges.set_title(' 总消费分布直方图 ')
# 显示图表
plt.show()
```

代码运行结果如图 8-15 所示。

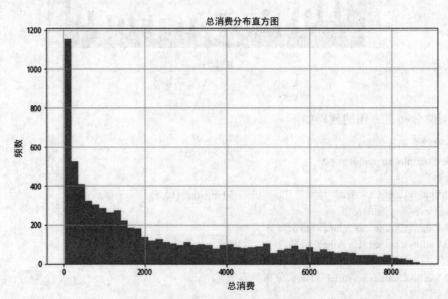

图 8-15　总消费分布直方图

定义一个通用函数，对数据进行分析，代码及运行结果如下：

```python
# 全局变量
length = len(data)
df_churn = data[data[' 是否流失 ']=='Yes']
def eda_calculate(column, types):
    """
    计算类别数据对应条数、占总数比例、对应流失率
    param @column: str，列表
    param @types: list，类别数据
    """
    print("\n========== 当前列标签： ", column, types)

    # 1. 计算类别数据对应的个数
    res_list = []
    rate_list = []
    for t in types:
        res = len(data[data[column]==t])
        # 2. 计算类别数据对应的流失率
        rate = len(df_churn[df_churn[column]==t]) / res

        # 存储到字典，方便匹配信息
        res_list.append({t: res})
        rate_list.append({t: rate})

    # 3. 预览各类别数据对应的个数、占总数比例
    print("******** 数据条数 ********")
    for res in res_list: # res = { 男 ： 3400}
        print(res, " 占总数比例 ", list(res.values())[0] / length)

    # 4. 预览各类别数据对应的流失率、前者和后者的倍数关系
    print("******** 流失率 ********")
    for rate in rate_list:
        before = list(rate.values())[0]
        index = rate_list.index(rate) + 1
        print(rate)

        if index < len(rate_list):
            after = list(rate_list[index].values())[0]
            print(" 前者和后者的倍数关系 ", before / after)
# 调用函数
for c in [' 合同期限 ', ' 电子账单 ', ' 支付方式 ']:
    eda_calculate(column=c, types=data[c].drop_duplicates().tolist())
```

========== 当前列标签： **合同期限** ['Month-to-month', 'One year', 'Two year']
******** **数据条数** ********
{'Month-to-month': 3875} **占总数比例** 0.551052332195677
{'One year': 1472} **占总数比例** 0.20932878270762229
{'Two year': 1685} **占总数比例** 0.2396188850967008
******** **流失率** ********

{'Month-to-month': 0.4270967741935484}

前者和后者的倍数关系 3.787267780800622

{'One year': 0.11277173913043478}

前者和后者的倍数关系 3.9587579257246377

{'Two year': 0.028486646884272996}

========== **当前列标签：电子账单** ['Yes', 'No']

******** **数据条数** ********

{'Yes': 4168} **占总数比例** 0.5927189988623436

{'No': 2864} **占总数比例** 0.4072810011376564

******** **流失率** ********

{'Yes': 0.33589251439539347}

前者和后者的倍数关系 2.0511645228750677

{'No': 0.16375698324022347}

========== **当前列标签：支付方式** ['Electronic check', 'Mailed check', 'Bank transfer (automatic)', 'Credit card (automatic)']

******** **数据条数** ********

{'Electronic check': 2365} **占总数比例** 0.3363196814562002

{'Mailed check': 1604} **占总数比例** 0.22810011376564276

{'Bank transfer (automatic)': 1542} **占总数比例** 0.21928327645051193

{'Credit card (automatic)': 1521} **占总数比例** 0.21629692832764505

******** **流失率** ********

{'Electronic check': 0.4528541226215645}

前者和后者的倍数关系 2.3583701710551606

{'Mailed check': 0.19201995012468828}

前者和后者的倍数关系 1.147654120512672

{'Bank transfer (automatic)': 0.16731517509727625}

前者和后者的倍数关系 1.0969240574265395

{'Credit card (automatic)': 0.1525312294543064}

再进行数值数据的分析，并通过可视化进行展示。非流失客户与流失客户的在网时长分布直方图的代码如下：

```python
# 在网时长：在网时长与流失人数呈负相关
import matplotlib.pyplot as plt
# 绘制直方图
ax_tenure0 = df0[' 在网时长 '].hist(bins=50, color='blue', label=' 非流失客户 ', figsize=(10, 6))
ax_tenure1 = df1[' 在网时长 '].hist(bins=50, color='red', label=' 流失客户 ', figsize=(10, 6))
# 添加图例
ax_tenure0.legend()
# 设置 x 轴和 y 轴的标签
ax_tenure0.set_xlabel(' 在网时长 ')
ax_tenure0.set_ylabel(' 频数 ')
# 设置图表标题
ax_tenure0.set_title(' 在网时长分布直方图（非流失与流失客户对比）')
# 显示图表
plt.show()
```

代码运行结果如图 8-16 所示。

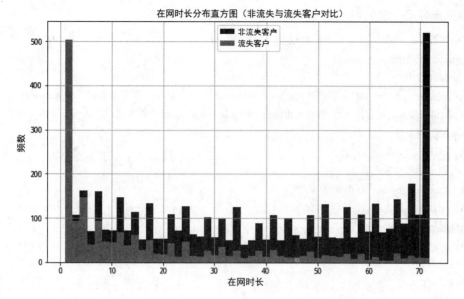

图 8-16 非流失客户与流失客户的在网时长分布直方图

非流失客户与流失客户的月消费分布直方图的代码如下：

```
# 月消费：月消费与流失人数呈负相关
import matplotlib.pyplot as plt
# 绘制直方图
ax_MonthlyCharges0 = df0[' 月消费 '].hist(bins=50, color='blue', label=' 非流失客户 ', figsize=(10, 6))
ax_MonthlyCharges1 = df1[' 月消费 '].hist(bins=50, color='red', label=' 流失客户 ', figsize=(10, 6))
# 添加图例
ax_MonthlyCharges0.legend()
# 设置 x 轴和 y 轴的标签
ax_MonthlyCharges0.set_xlabel(' 月消费 ')
ax_MonthlyCharges0.set_ylabel(' 频数 ')
# 显示图表
plt.show()
```

代码运行结果如图 8-17 所示。

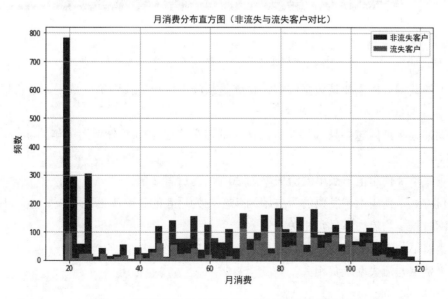

图 8-17 非流失客户与流失客户的月消费分布直方图

非流失客户与流失客户的总消费分布直方图的代码如下：

```
# 总消费：总消费与流失人数呈负相关
import matplotlib.pyplot as plt
# 绘制直方图
ax_TotalCharges0 = df0[' 总消费 '].hist(bins=50, color='blue', label=' 非流失客户 ', figsize=(10, 6))
ax_TotalCharges1 = df1[' 总消费 '].hist(bins=50, color='red', label=' 流失客户 ', figsize=(10, 6))
# 添加图例
ax_TotalCharges0.legend()
# 设置 x 轴和 y 轴的标签
ax_TotalCharges0.set_xlabel(' 总消费 ')
ax_TotalCharges0.set_ylabel(' 频数 ')
# 设置图表标题
ax_TotalCharges0.set_title(' 总消费分布直方图（非流失与流失客户对比）')
# 显示图表
plt.show()
```

代码运行结果如图 8-18 所示。

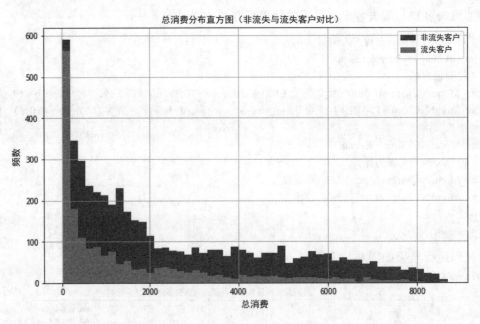

图 8-18　非流失客户与流失客户的总消费分布直方图

以上的数据分析主要是数据洞察，也就是从流失客户中找到价值数据，分析情况总结如下：

合同期限：期限越短越容易流失，按月的流失率达 42%，分别为 1 年的 4 倍、2 年的10 倍多。

电子账单：使用电子账单的流失率为 30%，为后者 2 倍。

支付方式：使用电子发票的流失率为 45%，为后者的 2 ～ 3 倍。

在网时长：与流失率呈负相关。

月消费：与流失率呈负相关。

总消费：与流失率呈负相关。

本 章 小 结

　　本章处理了一个多维度的数据，在进行数据清洗之后，进行列标签及数据特征的多维度的分组，从逻辑上分为三组：客户属性、产品属性、客户行为。然后从各个属性入手，分别采用不同的数据分析思路进行数据分析，主要是想从不同角度找到流失客户的原因以及以后的改进方向。此项目作为多维数据分组讨论的典型案例，有非常好的参考价值，从数据分析的方法到具体的技术实现都具有典型性，熟练地巩固练习此项目可以提升数据分析的能力，同时对常用的 Python 数据分析扩展库有更好的理解和认识。

练 习 8

数据分析操作题

　　在 Pandas 中，Iris 数据集是一个非常著名的分类数据集，主要用于鸢尾花卉的分类。该数据集包含了 150 个样本，每个样本有四个特征：花萼长度、花萼宽度、花瓣长度和花瓣宽度。这四个特征是用来判断鸢尾花卉属于山鸢尾、变色鸢尾还是维吉尼亚鸢尾（这三个名词都是花的品种）的依据。

　　使用 Pandas 可以很方便地读取和处理 Iris 数据集。可以使用以下代码来读取数据集：

```
import pandas as pd
iris_data = pd.read_csv('iris.csv')
```

　　Iris 数据集保存在名为 iris.csv 的文件中。读取数据集后，可以使用 Pandas 的各种方法来处理和可视化数据，例如计算每个品种的花朵平均特征、将数据集划分为训练集和测试集等。

　　参考本章案例代码，对 Iris 数据集按照数据分析流程进行数据分析。

第 9 章　房价预测分析

本章导读

　　房价是体现经济运转好坏的重要指标，房地产开发商与购房者都密切关注着房价波动，构建有效的房价预测模型对金融市场、民情民生有着重要意义。在本章的波士顿房价预测项目中，将数据集分为训练集和测试集，对训练好的模型，通过测试集来评价，最终选择较好的测试模型，可以得到较为准确的房价预测值。

　　在模型构建的过程中，先对数据进行预处理，通过可视化和基础模型预训练提取关键特征，对三种回归模型（线性回归、随机森林、支持向量机）分别进行调参，最终，对最优模型的预测结果进行准确性、收敛性评估和灵敏度分析，并对不同模型进行评估效果的比较，找到较为适合分析此数据集的分析模型。

本章要点

- 数据清洗
- 模型构建
- 训练测试
- 模型评价

9.1　项目简介

　　波士顿房价数据集是一个非常经典的数据集，常被用于机器学习和回归分析的案例研究。该数据集包含了 506 条波士顿房价的数据，每条数据包括 14 个特征。这些特征涵盖了房屋以及房屋周围的各种信息，如犯罪率、一氧化氮浓度、住宅平均房间数、到中心区域的加权距离以及自住房平均房价等。通过这些特征，可以了解房屋的各种属性和价格之间的关系。这个数据集的目标变量是房屋的房价，它是一个连续的数值型变量，表示每平方米的房价。通过分析这个数据集，可以尝试解答诸如"不同的房子价格之间存在怎样的关系？"这样的问题。

　　此外，这个数据集的特征解释和目标变量含义都有明确的定义，方便后续分析和建模。例如，可以使用线性回归、决策树回归、支持向量回归等算法来建立房价预测模型，并通过评估模型的性能来优化模型的参数和结构。

　　总之，波士顿房价数据库是一个非常经典的数据集，常被用于机器学习和回归分析的案例研究。通过分析这个数据集，可以深入了解房屋属性与价格之间的关系，并为后续的房屋定价、市场预测等应用提供重要的参考依据。

房价预测分析

9.2　代码实现

Scikit-learn（以前称为 scikits.learn，也称为 sklearn）是针对 Python 编程语言的免费软件机器学习库。它具有各种分类、回归和聚类算法，包括支持向量机、随机森林、梯度提升、k 均值和 DBSCAN 等，可与 Python 数值科学库 NumPy 和 SciPy 联合使用。

Scikit-learn 的扩展库包括以下部分：

文本处理：Scikit-learn 提供了一些用于文本特征提取和文本分类的扩展库，如 TfidfVectorizer 和 HashingVectorizer 等。

数据预处理：提供了各种数据预处理的方法，如特征选择、特征提取、数据标准化、数据归一化等。

模型选择：提供了各种机器学习算法和工具，可以帮助用户选择最适合其数据的模型。

模型集成：提供了将多个模型组合成一个强大的集成模型的方法。

可视化工具：提供了用于可视化数据的各种工具，如决策树和聚类结果的工具等。

扩展包：Scikit-learn 还提供了一些扩展包，如用于处理图像数据的扩展包 Scikit-image 等。

由此可见，Scikit-learn 是一个非常强大的机器学习库，它提供了各种分类、回归和聚类算法，以及用于数据预处理、模型选择、模型集成和可视化的工具。通过使用 Scikit-learn，可以快速构建高效的机器学习模型，并将其应用于各种实际应用中。

接下来采用 Scikit-learn 自带的数据库进行数据分析项目练习，先导入相关扩展库及波士顿房价数据，代码如下：

```
# 导入所需的库
import pandas as pd
import numpy as np
from sklearn import metrics
import matplotlib
import matplotlib.pyplot as plt
import seaborn as sns
matplotlib.rcParams['axes.unicode_minus']=False
%matplotlib inline
# 导入房价数据集
from sklearn.datasets import load_boston
boston = load_boston()
# 将数据保存为 dataframe
data = pd.DataFrame(boston.data)
```

查看前 5 行数据，代码如下：

```
# 查看前 5 行数据
data.head()
```

代码运行结果如图 9-1 所示。

	0	1	2	3	4	5	6	7	8	9	10	11	12
0	0.00632	18.0	2.31	0.0	0.538	6.575	65.2	4.0900	1.0	296.0	15.3	396.90	4.98
1	0.02731	0.0	7.07	0.0	0.469	6.421	78.9	4.9671	2.0	242.0	17.8	396.90	9.14
2	0.02729	0.0	7.07	0.0	0.469	7.185	61.1	4.9671	2.0	242.0	17.8	392.83	4.03
3	0.03237	0.0	2.18	0.0	0.458	6.998	45.8	6.0622	3.0	222.0	18.7	394.63	2.94
4	0.06905	0.0	2.18	0.0	0.458	7.147	54.2	6.0622	3.0	222.0	18.7	396.90	5.33

图 9-1　房价数据预览

添加特征名，代码如下：

```
# 添加特征名
data.columns = boston.feature_names
data.head()
```

代码运行结果如图 9-2 所示。

	CRIM	ZN	INDUS	CHAS	NOX	RM	AGE	DIS	RAD	TAX	PTRATIO	B	LSTAT
0	0.00632	18.0	2.31	0.0	0.538	6.575	65.2	4.0900	1.0	296.0	15.3	396.90	4.98
1	0.02731	0.0	7.07	0.0	0.469	6.421	78.9	4.9671	2.0	242.0	17.8	396.90	9.14
2	0.02729	0.0	7.07	0.0	0.469	7.185	61.1	4.9671	2.0	242.0	17.8	392.83	4.03
3	0.03237	0.0	2.18	0.0	0.458	6.998	45.8	6.0622	3.0	222.0	18.7	394.63	2.94
4	0.06905	0.0	2.18	0.0	0.458	7.147	54.2	6.0622	3.0	222.0	18.7	396.90	5.33

图 9-2　添加特征名后数据预览

图 9-2 中特征相关含义介绍如下：

CRIM：城镇人均犯罪率。

ZN：占地面积超过 25000 平方英尺的住宅用地比例。

INDUS：城镇非零售商业用地比例。

CHAS：是否靠近 Charles River 的虚拟变量（靠近为 1，否则为 0）。

NOX：一氧化氮浓度（每千万份）。

RM：每个住房的平均房间数。

AGE：1940 年以前自有住房的比例。

DIS：距离 5 个波士顿就业中心的成块加权距离。

RAD：辐射性公路的可达性指数。

TAX：每 10000 美元的全额财产税率。

PTRATIO：城镇师生比例。

B：黑人比例（以 1000 为单位）。

LSTAT：地位较低人群的比例。

接下来进行数据操作，查看数据集形状的代码及运行结果如下：

```
# 将房价添加到 dataframe 中
data['PRICE'] = boston.target
# 查看数据集的形状
data.shape
```

(506, 14)

查看数据集的特征名的代码及运行结果如下：

```
# 查看数据集的特征名
data.columns
```

```
Index(['CRIM', 'ZN', 'INDUS', 'CHAS', 'NOX', 'RM', 'AGE', 'DIS', 'RAD', 'TAX',
       'PTRATIO', 'B', 'LSTAT', 'PRICE'],
      dtype='object')
```

查看数据集的数据类型的代码及运行结果如下：

```
# 查看数据集的数据类型
data.dtypes
```

```
CRIM       float64
ZN         float64
INDUS      float64
CHAS       float64
NOX        float64
RM         float64
AGE        float64
DIS        float64
RAD        float64
TAX        float64
PTRATIO    float64
B          float64
LSTAT      float64
PRICE      float64
dtype: object
```

查看数据集中唯一值的数量的代码及运行结果如下：

```
# 查看数据集中唯一值的数量
data.nunique()
```

```
CRIM       504
ZN          26
INDUS       76
CHAS         2
NOX         81
RM         446
AGE        356
DIS        412
RAD          9
TAX         66
PTRATIO     46
B          357
LSTAT      455
PRICE      229
dtype: int64
```

查看是否有缺失值的代码及运行结果如下：

```
# 查看是否有缺失值
data.isnull().sum()
```

```
CRIM       0
ZN         0
INDUS      0
```

CHAS　　0
NOX　　0
RM　　0
AGE　　0
DIS　　0
RAD　　0
TAX　　0
PTRATIO　0
B　　0
LSTAT　　0
PRICE　　0
dtype: int64

查看缺失值的行，代码如下：

```
# 查看缺失值的行
data[data.isnull().any(axis=1)]
```

代码运行结果如图 9-3 所示。

CRIM ZN INDUS CHAS NOX RM AGE DIS RAD TAX PTRATIO B LSTAT

图 9-3　查看缺失值

查看数据集的统计值，代码如下：

```
# 查看数据集的统计值
data.describe()
```

代码运行结果如图 9-4 所示。

	CRIM	ZN	INDUS	CHAS	NOX	RM	AGE	DIS	RAD	TAX	PTRATIO	B
count	506.000000	506.000000	506.000000	506.000000	506.000000	506.000000	506.000000	506.000000	506.000000	506.000000	506.000000	506.000000
mean	3.613524	11.363636	11.136779	0.069170	0.554695	6.284634	68.574901	3.795043	9.549407	408.237154	18.455534	356.674032
std	8.601545	23.322453	6.860353	0.253994	0.115878	0.702617	28.148861	2.105710	8.707259	168.537116	2.164946	91.294864
min	0.006320	0.000000	0.460000	0.000000	0.385000	3.561000	2.900000	1.129600	1.000000	187.000000	12.600000	0.320000
25%	0.082045	0.000000	5.190000	0.000000	0.449000	5.885500	45.025000	2.100175	4.000000	279.000000	17.400000	375.377500
50%	0.256510	0.000000	9.690000	0.000000	0.538000	6.208500	77.500000	3.207450	5.000000	330.000000	19.050000	391.440000
75%	3.677083	12.500000	18.100000	0.000000	0.624000	6.623500	94.075000	5.188425	24.000000	666.000000	20.200000	396.225000
max	88.976200	100.000000	27.740000	1.000000	0.871000	8.780000	100.000000	12.126500	24.000000	711.000000	22.000000	396.900000

图 9-4　查看数据集统计值

查看特征之间的相关性的代码及运行结果如下：

```
# 查看特征之间的相关性
corr = data.corr()
corr.shape
```

(14, 14)

绘制特征之间相关性的热图，代码如下：

```
# 绘制特征之间相关性的热图
plt.figure(figsize=(24,24))
sns.heatmap(corr, cbar=True, square= True, fmt='.1f', annot=True, annot_kws={'size':15}, cmap='Greens')
plt.show()
```

代码运行结果如图 9-5 所示。

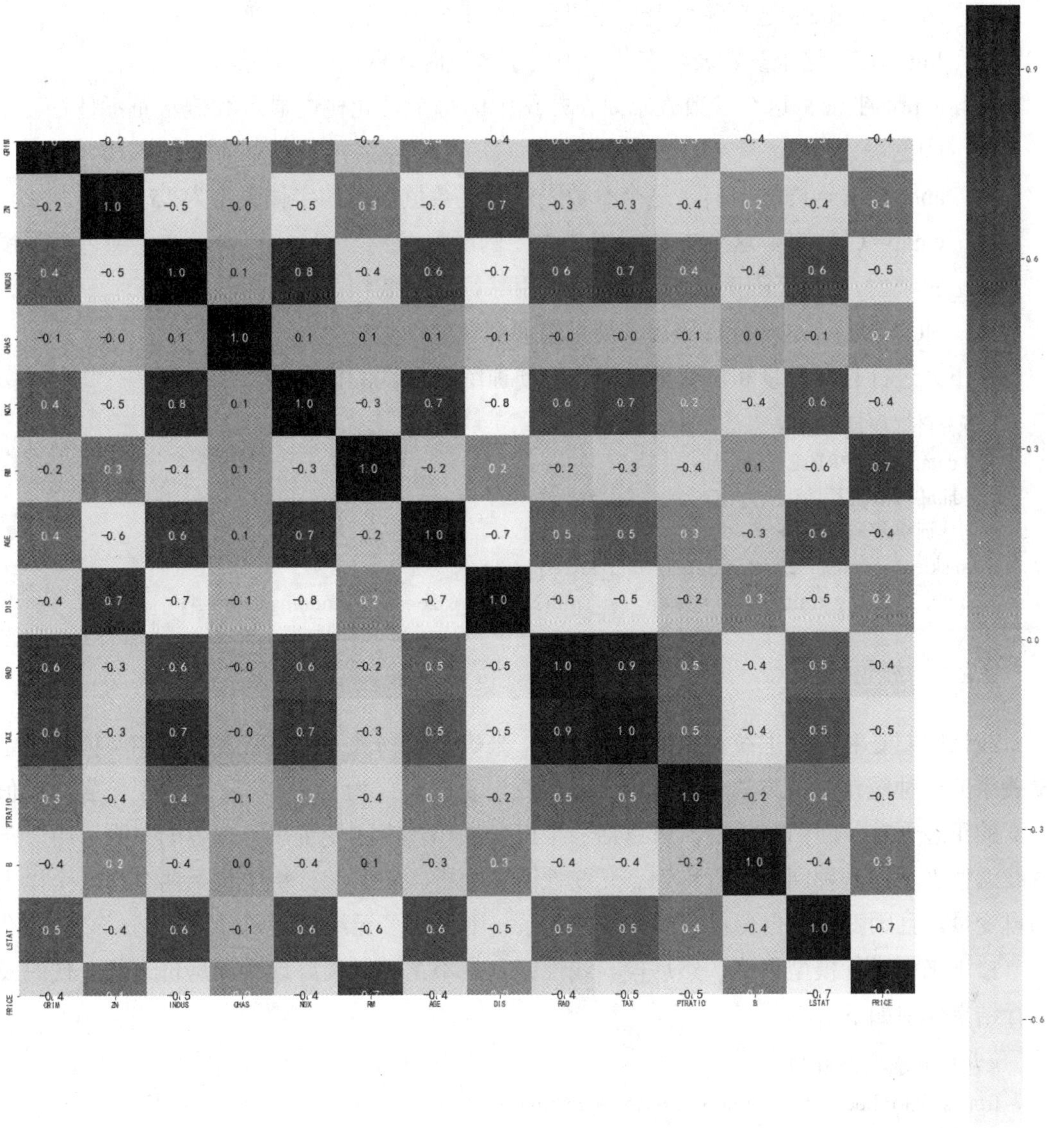

图 9-5　特征相关性热图

上段代码使用 Matplotlib 和 Seaborn 库创建一个热图。热图是一种数据可视化技术，它能够以颜色变化的形式展示二维矩阵数据的分布和相关性。通过颜色变化和数值显示，可以直观地看到各个特征之间的相关性程度。代码解释如下。

plt.figure(figsize=(24,24))：这一行代码创建了一个新的图像，图像的大小设定为 24×24 英寸。

sns.heatmap(corr, cbar=True, square= True, fmt='.1f', annot=True, annot_kws={'size':15}, cmap='Greens')：这一行代码调用了 Seaborn 库的 heatmap() 函数，也就是创建热图的函数。它接收多个参数，这些参数用来定义热图的各种属性。

- corr：这个参数应该是一个二维数组，包含了想在热图中展示的相关性数据。对于每一对特征，相关性的值越高，它们在热图中的颜色就会越接近红色；相关性的值越低，它们在热图中的颜色就会越接近蓝色。

- cbar=True：这个参数表示在热图的右侧显示一个颜色条，这个颜色条展示了与热图中颜色对应的实际数值。

- square=True：这个参数表示热图是一个正方形，而非长方形。
- fmt='.1f'：这个参数表示在热图中展示数值时，保留一位小数。
- annot=True：这个参数表示要在热图中的每个单元格内显示数值，而不是只显示颜色块。
- annot_kws={'size':15}：这个参数表示定义数值标签的字体大小为15。
- cmap='Greens'：这个参数用于热力图的颜色映射。'Greens' 表示使用绿色调的颜色映射，表示正相关。高相关度使用深绿色，低相关度使用浅绿色。
- plt.show()：这一行代码用来展示前面创建的图像。

接下来进行目标变量和自变量分组，方便训练和测试，代码如下：

```
# 拆分目标变量和自变量
X = data.drop(['PRICE'], axis = 1)
y = data['PRICE']
# 划分训练集与测试集
from sklearn.model_selection import train_test_split
X_train, X_test, y_train, y_test = train_test_split(X,y, test_size = 0.3, random_state = 4)
```

9.2.1 线性回归

线性回归是利用数理统计中的回归分析，来确定两种或两种以上变量间相互依赖的定量关系的一种统计分析方法。其应用十分广泛，表达形式为 y = wx+e，e 为误差服从均值为 0 的正态分布。回归分析中，只包括一个自变量和一个因变量，且二者的关系可用一条直线近似表示，这种回归分析称为一元线性回归分析。若回归分析中包括两个或两个以上的自变量，且因变量和自变量之间是线性关系，则称为多元线性回归分析。

接下来先进行模型训练，然后检验线性回归是不是可以很好地预测房价走势，代码及运行结果分别如下：

```
# 从包中导入线性回归
from sklearn.linear_model import LinearRegression
# 实例化
lm = LinearRegression()
# 使用训练集训练数据
lm.fit(X_train, y_train)
```

LinearRegression(copy_X=True, fit_intercept=True, n_jobs=None, normalize=False)

```
# y 的截距值
lm.intercept_
```

36.357041376595205

```
# 将系数保存在 dataframe 中
coeffcients = pd.DataFrame([X_train.columns,lm.coef_]).T
coeffcients = coeffcients.rename(columns={0: 'Attribute', 1: 'Coefficients'})
coeffcients
```

	Attribute	Coefficients
0	CRIM	-0.12257
1	ZN	0.0556777
2	INDUS	-0.00883428

3	CHAS	4.69345
4	NOX	-14.4358
5	RM	3.28008
6	AGE	-0.00344778
7	DIS	-1.55214
8	RAD	0.32625
9	TAX	-0.0140666
10	PTRATIO	-0.803275
11	B	0.00935369
12	LSTAT	-0.523478

进行模型评价，代码及运行结果如下：

```
# 训练集中的房价预测
y_pred = lm.predict(X_train)
# 模型评分
print('R^2:',metrics.r2_score(y_train, y_pred))
print('Adjusted R^2:',1 - (1-metrics.r2_score(y_train, y_pred))*(len(y_train)-1)/(len(y_train)-X_train.
    shape[1]-1))
print('MAE:',metrics.mean_absolute_error(y_train, y_pred))
print('MSE:',metrics.mean_squared_error(y_train, y_pred))
print('RMSE:',np.sqrt(metrics.mean_squared_error(y_train, y_pred)))
```

R^2: 0.7465991966746854
Adjusted R^2: 0.736910342429894
MAE: 3.08986109497113
MSE: 19.07368870346903
RMSE: 4.367343437774162

其中相关参数含义如下。

R^2：X 和 Y 之间线性关系的度量。

Adjusted R^2：调整后的 R 平方比较了包含不同数量预测因子的回归模型的解释力。

MAE（Mean Absolute Error）：表示平均绝对误差，是预测值与实际值之间差的绝对值的平均值。用数学公式表示为$MAE = \frac{1}{n}\sum_{i=1}^{n}|y_i - \hat{y}_i|$，其中，$y_i$是实际值，$\hat{y}_i$是预测值，n 为样本数量。

MSE（Mean Squared Error）：表示均方误差，是预测值与实际值之间差的平方的平均值。用数学公式表示为$MSE = \frac{1}{n}\sum_{i=1}^{n}(y_i - \hat{y}_i)^2$。与 MAE 相比，MSE 对误差的测量更加敏感，因为差值在求和之前就被平方了。如果一个误差是正的，另一个是负的，那么它们在 MSE 中会被视为两个独立的误差。

RMSE（Root Mean Squared Error）：表示均方根误差，是 MSE 的平方根，其对数据中的异常值较为敏感。

通过可视化来比较真实值和预测值，房价真实值与预测值对比的代码如下：

```
# 可视化房价真实值与预测值之间的差异
plt.scatter(y_train, y_pred)
plt.xlabel(" 房价真实值 ")
plt.ylabel(" 房价预测值 ")
```

```
plt.title(" 房价真实值与预测值对比 ")
plt.show()
```

代码运行结果如图 9-6 所示。

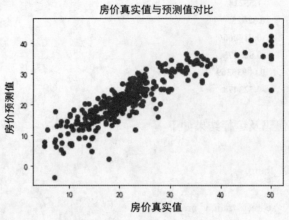

图 9-6　房价真实值与预测值对比

检查残差，代码如下：

```
# 检查残差
plt.scatter(y_pred,y_train-y_pred)
plt.title(" 预测与残差 ")
plt.xlabel(" 预测值 ")
plt.ylabel(" 残差值 ")
plt.show()
```

代码运行结果如图 9-7 所示。

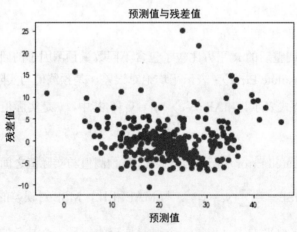

图 9-7　预测值与残差值

检查误差的正态性，代码如下：

```
# 检查误差的正态性
sns.distplot(y_train-y_pred)
plt.title(" 残差的直方图 ")
plt.xlabel(" 残差 ")
plt.ylabel(" 频率 ")
plt.show()
```

代码运行结果如图 9-8 所示。

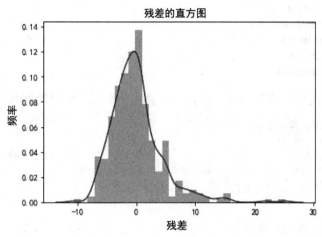

图 9-8　残差的直方图

使用模型预测测试集数据，代码及运行结果如下：

```
# 使用模型预测测试集数据
y_test_pred = lm.predict(X_test)
# 模型评价
acc_linreg = metrics.r2_score(y_test, y_test_pred)
print('R^2:', acc_linreg)
print('Adjusted R^2:',1 - (1-metrics.r2_score(y_test, y_test_pred))*(len(y_test)-1)/(len(y_test)-X_test.
    shape[1]-1))
print('MAE:',metrics.mean_absolute_error(y_test, y_test_pred))
print('MSE:',metrics.mean_squared_error(y_test, y_test_pred))
print('RMSE:',np.sqrt(metrics.mean_squared_error(y_test, y_test_pred)))
```

R^2: 0.7121818377409195
Adjusted R^2: 0.6850685326005713
MAE: 3.8590055923707407
MSE: 30.053993307124127
RMSE: 5.482152251362974

由运行结果可以看到，模型在测试集上的分数与训练集上的分数几乎匹配。因此，该模型不会过拟合。

9.2.2　随机森林

随机森林是一种利用多棵树对样本进行训练并预测的分类器。在随机森林的构建过程中，每棵树都依赖于自助采样法（bootstrap）进行训练，通过随机选择一部分特征进行分类或回归。因此，随机森林不仅可以解决分类问题，也可以解决回归问题。下面用此方法来进行房价预测，先训练模型，然后进行模型评价，最后用测试集进行随机森林预测方法的评价。训练模型的代码及运行结果如下：

```
# 在训练集上预测数据
y_pred = reg.predict(X_train)
# 模型评价
print('R^2:',metrics.r2_score(y_train, y_pred))
print('Adjusted R^2:',1 - (1-metrics.r2_score(y_train, y_pred))*(len(y_train)-1)/(len(y_train)-X_train.
    shape[1]-1))
print('MAE:',metrics.mean_absolute_error(y_train, y_pred))
print('MSE:',metrics.mean_squared_error(y_train, y_pred))
print('RMSE:',np.sqrt(metrics.mean_squared_error(y_train, y_pred)))
```

R^2: 0.9730841852641224
Adjusted R^2: 0.9720550511712801
MAE: 0.8840677966101695
MSE: 2.0259757062146893
RMSE: 1.4233677340078668

通过可视化来比较真实值和预测值，房价真实值与预测值对比的代码如下：

```
# 可视化房价真实值和预测值之间的差异
plt.scatter(y_train, y_pred)
plt.xlabel(" 房价真实值 ")
plt.ylabel(" 房价预测值 ")
plt.title(" 房价真实值与预测值对比 ")
plt.show()
```

代码运行结果如图 9-9 所示。

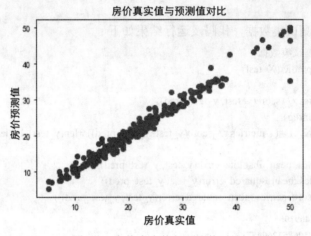

图 9-9　房价真实值与预测值对比

检查残差，代码如下：

```
# 检查残差
plt.scatter(y_pred,y_train-y_pred)
plt.title(" 预测与残差 ")
plt.xlabel(" 预测值 ")
plt.ylabel(" 残差值 ")
plt.show()
```

代码运行结果如图 9-10 所示。

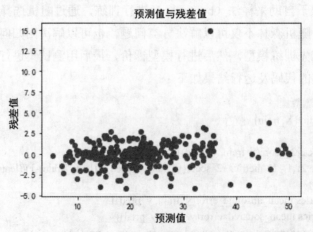

图 9-10　预测值与残差值

使用模型预测测试集数据，代码及运行结果如下：

```
# 使用模型预测测试集数据
y_test_pred = reg.predict(X_test)
# 模型评价
acc_rf = metrics.r2_score(y_test, y_test_pred)
print('R^2:', acc_rf)
print('Adjusted R^2:',1 - (1-metrics.r2_score(y_test, y_test_pred))*(len(y_test)-1)/(len(y_test)-X_test.
    shape[1]-1))
print('MAE:',metrics.mean_absolute_error(y_test, y_test_pred))
print('MSE:',metrics.mean_squared_error(y_test, y_test_pred))
print('RMSE:',np.sqrt(metrics.mean_squared_error(y_test, y_test_pred)))
```

R^2: 0.8379462482269846
Adjusted R^2: 0.8226803150889469
MAE: 2.5817105263157893
MSE: 16.921664473684213
RMSE: 4.113595078964897

由运行结果可以发现，随机森林结果会更加集中准确。

9.2.3　支持向量机

支持向量机是一种监督学习算法，主要用于分类和回归分析。它根据有限的样本信息，在模型的复杂性和学习能力之间寻求最佳的平衡，以获得最优的分类效果。由前面的学习可知，SVM 可以看作一个分类器，它将输入数据映射到某个高维空间，然后寻找一个超平面，使得该超平面能够将正负样本完全分开。这个过程是通过求解一个线性优化问题来实现的。SVM 的决策边界是对学习样本求解的最大边距超平面，这使得 SVM 具有稀疏性和稳健性。此外，SVM 还可以通过核方法进行非线性分类。通过使用不同的核函数，SVM 可以将输入数据映射到不同的特征空间，从而实现非线性分类。

下面依次实现训练、测试以及可视化评价。训练模型的代码及运行结果如下：

```
# 将数据归一化
from sklearn.preprocessing import StandardScaler # 标准化工具
sc = StandardScaler()
X_train = sc.fit_transform(X_train)
X_test = sc.transform(X_test)
# 导入支持向量机
from sklearn import svm
# 实例化
reg = svm.SVR()
# 使用训练集的数据训练模型
reg.fit(X_train, y_train)
```

SVR(C=1.0, cache_size=200, coef0=0.0, degree=3, epsilon=0.1,
　gamma='auto_deprecated', kernel='rbf', max_iter=-1, shrinking=True,
　tol=0.001, verbose=False)

进行模型评估，代码及运行结果如下：

```
# 模型评估
print('R^2:',metrics.r2_score(y_train, y_pred))
print('Adjusted R^2:',1 - (1-metrics.r2_score(y_train, y_pred))*(len(y_train)-1)/(len(y_train)-X_train.
    shape[1]-1))
print('MAE:',metrics.mean_absolute_error(y_train, y_pred))
print('MSE:',metrics.mean_squared_error(y_train, y_pred))
print('RMSE:',np.sqrt(metrics.mean_squared_error(y_train, y_pred)))
```

R^2: 0.9730841852641224
Adjusted R^2: 0.9720550511712801
MAE: 0.8840677966101695
MSE: 2.0259757062146893
RMSE: 1.4233677340078668

通过可视化来比较真实值和预测值，房价真实值和预测值对比的代码如下：

```
# 可视化房价真实值和预测值之间的差异
plt.scatter(y_train, y_pred)
plt.xlabel(" 房价真实值 ")
plt.ylabel(" 房价预测值 ")
plt.title(" 房价真实值与预测值对比 ")
plt.show()
```

代码运行结果如图 9-11 所示。

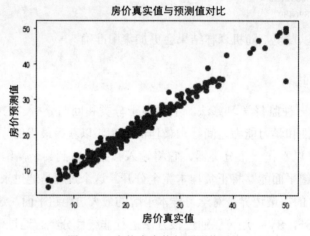

图 9-11　房价真实值与预测值对比

检查残差，代码如下：

```
# 检查残差
plt.scatter(y_pred,y_train-y_pred)
plt.title(" 预测与残差 ")
plt.xlabel(" 预测值 ")
plt.ylabel(" 残差值 ")
plt.show()
```

代码运行结果如图 9-12 所示。

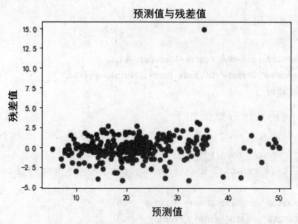

图 9-12　预测值与残差值

使用模型预测测试集数据，代码及运行结果如下：

```
# 使用模型预测测试集数据
y_test_pred = reg.predict(X_test)
# 模型评估
acc_svm = metrics.r2_score(y_test, y_test_pred)
print('R^2:', acc_svm)
print('Adjusted R^2:',1 - (1-metrics.r2_score(y_test, y_test_pred))*(len(y_test)-1)/(len(y_test)-X_test.
    shape[1]-1))
print('MAE:',metrics.mean_absolute_error(y_test, y_test_pred))
print('MSE:',metrics.mean_squared_error(y_test, y_test_pred))
print('RMSE:',np.sqrt(metrics.mean_squared_error(y_test, y_test_pred)))
```

R^2: 0.5900158460478174
Adjusted R^2: 0.5513941503856553
MAE: 3.7561453553021686
MSE: 42.81057499010247
RMSE: 6.542979060802691

9.2.4　模型评估比较

对线性回归、随机森林和支持向量机的预测进行评估，代码及运行结果如下：

```
models = pd.DataFrame({
    'Model': ['Linear Regression', 'Random Forest', 'Support Vector Machines'],
    'R-squared Score': [acc_linreg*100, acc_rf*100, acc_svm*100]})
models.sort_values(by='R-squared Score', ascending=False)
```

	Model	R-squared Score
1	Random Forest	83.794625
0	Linear Regression	71.218184
2	Support Vector Machines	59.001585

由此可以看到，随机森林模型的预测效果是最好的，比较三种方法的参数和可视化，也可以发现随机森林模型对此数据集的预测最好。

本 章 小 结

本章将典型的房价预测的数据集分为训练集和测试集，分别用线性回归、随机森林和支持向量机进行房价预测，然后对三种数据分析方法进行评估。这种用多种分析模型进行数据分析，从而找到适合数据集的分析方法，在数据分析中是一种很好的分析思路。值得注意的是，用 sklearn 库实现不同分析模型的方法非常方便，读者可以通过此项目的实现方式，触类旁通，熟悉更多的分析方法，应用到其他数据集的分析中去，分析出数据的潜在价值。

练　习　9

数据分析操作题

参考本章案例代码，对"二手房数据 .csv"按照数据分析流程进行数据分析。

参 考 文 献

[1] 沈涵飞. Python 程序设计基础：微课版 [M]. 北京：人民邮电出版社，2021.

[2] 黄红梅，张良均. Python 数据分析与应用 [M]. 北京：人民邮电出版社，2018.

[3] 张若愚. Python 科学计算 [M]. 北京：清华大学出版社，2016.

[4] 黄恒秋，莫洁安，谢东津，等. Python 大数据分析与挖掘实战 [M]. 北京：人民邮电出版社，2020.

[5] 张良均，谭立云，刘名军，等. Python 数据分析与挖掘实战 [M]. 2 版. 北京：机械工业出版社，2022.